INFORMAZIONI SUL DIRITTO D'AUTORE

■ *ISBN: **978-618-82064-0-3***

Prima edizione: agosto 2015 rev. 04 (09-16)
Seconda edizione: giugno 2017 rev. 01 (06-17)
Terza edizione: gennaio 2022 rev. 05 (05-23)

Albino Galuppini

LA LUNA DI CARTA

Guida completa alla scoperta del satellite terrestre

Prefazione di Sotiris Sofias

RINGRAZIAMENTI E DEDICHE

Ringrazio, prima di tutti, lo scrittore ellenico **Sotiris Sofias** per la preziosa prefazione scritta a questo volume, ricca di utili informazioni sulla Luna, derivanti dalla sua vasta cultura in materia astronomica.

Esprimo sincera gratitudine, per la preziosa collaborazione ottenuta nella revisione degli articoli e per gli utili consigli, all'amico e collega naturalista **Alberto Bertelli** nonché al signor **Ferrante Barigazzi** e **Gianluca Giuffrida**.

Delle grazie particolari vanno a **Jarrah White** e alla signora **Debbie J. Banks**. Infine, ringrazio il prof. **Paul A. Mayewki** e **Paola Lagorio** per il contributo fornito alla stesura di alcuni articoli.

Dedico questo libro a coloro che hanno dedicato la propria vita alla ricerca della vera essenza della Luna e a smascherare gli inganni della scienza.

NOTE BIOGRAFICHE DELL'AUTORE

Albino Galuppini è nato a Brescia il 9 maggio 1966. Ha frequentato studi scientifici laureandosi in Scienze Naturali, indirizzo Paleobiologico, presso l'Università degli Studi di Parma. Svolge l'attività di scrittore e articolista per importanti riviste che trattano di archeologia alternativa ed esobiologia. È uno dei massimi esperti italiani della teoria sulla simulazione degli sbarchi lunari effettuati dalla NASA.

PREFAZIONE DI SOTIRIS SOFIAS

Ho sempre letto con estremo interesse gli articoli astronomici apparsi sui giornali ed ero abbonato alla magnifica rivista greca ΠΤΗΣΗ & ΔΙΑΣΤΗΜΑ (VOLO & SPAZIO) i cui scritti mi facevano adorare ancora di più l'astronomia.

Possiedo un gran numero di volumi a tema astronomico mentre, di recente, i programmi planetari su CD-Rom hanno costituito un'inesauribile fonte di conoscenza occupando uno spazio rilevante nella mia biblioteca.

Lessi per la prima volta della "beffa della Luna" negli anni '80 tra le righe del libro "Non siamo mai andati sulla Luna" di Bill Kaysing.

Internet, dove si possono trovare milioni di notizie sulla Luna, mi ha successivamente offerto un enorme contributo alla stesura dei miei scritti. Nel libro, "Il mistero della Luna", tramite il programma RedShift 5, ho osservato ciò che solo gli astronauti dell'Apollo 8 avevano avuto il privilegio di vedere nel Natale del 1968: l'altra faccia della Luna.

Cominciai a osservare qualcosa di unico, sullo schermo del PC, che sicuramente avevano visto pochissime persone al mondo, dato che il programma planetario mostrava immagini non manipolate dalla NASA allo scopo di nascondere le vere fattezze lunari.

Non mi sarei mai aspettato che il lato "oscuro" fosse così enigmatico. Avevo letto un mucchio di articoli che riferivano che esso era assai diverso dal lato visibile. Fotografie del lato distante erano state occasionalmente pubblicate su vari giornali e riviste, nessuna corrispondente al panorama reale. Esse illustrano il lato "oscuro" da una notevole altezza, sono scarne di dettagli. Di conseguenza, chiunque sorvolerebbe sulle caratteristiche di quel lato poichè apparentemente prive di interesse.

Nonostante la migliore circolazione delle idee in rete, non ero riuscito a reperire nulla di interessante ringuardo alla faccia nascosta. Naturalmente esistono mappe lunari ma per il 70%

riguardano il lato visibile dalla Terra e solo il 30% interessano quello invisibile a noi.

Da quel momento in poi, la Luna non è stata più l'astro fatato della mia giovinezza, divenendo oggetto di ricerca con risultati sorprendenti.

Non è affatto strano che ricercatori indipendenti nel mondo, i quali si sono occupati della Luna, giungano più o meno alla mia stessa conclusione: che questo corpo celeste non è fisiologico al sistema solare.

Non è possibile che tutti questi studiosi prendano un abbaglio all'unisono in presenza di tanta convergenza di opinioni. Significa che le loro analisi sono realistiche.

Oggi, tuttavia, a temere le verità non ufficiali, sono le elite che tengono in pugno le sorti dell'umanità e sistematicamente celano la verità alla maggioranza. Possiamo affermare con certezza che, riguardo alla Luna, c'è puzza d'imbroglio. Non c'è alcuna ragionevole spiegazione per il fatto che i viaggi lunari si siano interrotti. Dove sono finite le roboanti promesse di una base lunare entro la fine del secolo scorso?

Dal 1972, nessuno si è occupato più seriamente del nostro satellite. Solamente gli amanti romantici, e i possessori di telescopi lo osservano e saltuariamente altri durante le eclissi.

Fortunatamente, nell'attuale società, ove regnano la disinformazione assoluta e i diktat culturali, permangono delle menti libere che combattono duramente per mantenere ciò che gli antichi filosofi greci consideravano democrazia cioè la Libera Espressione. Più chi tenta di imbavagliare la verità si batte, più rende caparbi coloro che cercano invece di fare emergere la verità con tutti i mezzi a loro disposizione: per esempio un libro.

Uno di questi uomini particolari ritengo sia Albino Galuppini, senza dubbio.

Confesserò di essere rimasto squisitamente colpito da lui. Ci siamo conosciuti attraverso un suo sito, creato in tributo a Bill Kaysing. Ho avuto l'onore di includere un Tributo a Kaysing, al pari dei suoi estimatori. L'intervista che rilasciai per la sua trasmissione radio La Luna di Carta di YastaRadio fu l'occasione per conoscerci meglio e accedere al mondo editoriale italiano dove ho avuto pubblicati diversi articoli. Si tratta di un ragazzo appassionato della verità, ammetto con più tenacia di me. Per occuparsi della cospirazione della NASA, tramite una straordinaria conoscenza scientifica, mostra un notevole coraggio ad affrontare i dipendenti prezzolati, al soldo dei cospiratori, che s'inalberano smentendo continuamente chiunque metta in discussione il programma Apollo. Anelano divorarlo. Voci libere come Albino sono oggi necessarie più che mai, nell'era del controllo mentale assoluto e della disinformazione sistematica.

Gli articoli già pubblicati dal suo blog sono davvero specialistici, dotati di grande accuratezza e molto comprensibili. I suoi libri adornano la mia biblioteca, sono contento che me li abbia autografati con dedica personale.

Sotiris Sofias

Ricercatore-Autore

Atene, Grecia Novembre 2014

INTRODUZIONE DELL'AUTORE

Proseguendo il discorso intrapreso da "*LUNA & NASA: il sogno proibito*" (uscito nel 2012), questo testo amplia il discorso sul satellite naturale terrestre a tutto tondo. "LUNA & NASA" intendeva stimolare il dibattito focalizzandosi su un'impresa, la conquista della Luna da parte degli Stati Uniti d'America, che molti danno per assodata e consegnata alla Storia. Senonché, verificata con accuratezza, l'esplorazione lunare americana suscita parecchie perplessità e pungenti interrogativi.

Questo mio nuovo lavoro approfondisce la problematica dell'oggetto "Luna" esaminando la generalità dell'argomento selenico. Siamo talmente avvezzi alla presenza della suadente bellezza della luminaria nel cielo, senza immaginare quanto essa sia estranea alla meccanica celeste del Sistema Solare. Assomma una quantità tale di anomalie astronomiche da lasciare sbigottiti. Sfoggia un caleidoscopio di colori anziché un triste panorama uniforme e grigiastro come ci viene dipinta nelle immagini diramate dalla NASA.

Lo "sbarco" sulla Luna ha rappresentato una svolta epocale per l'umanità, prima evento recepito simultaneamente a livello mondiale tramite la TV. Esso ha avuto una portata rivoluzionaria poiché è stato uno strumento di propaganda a favore degli USA e dello "stile di vita" americano e ha sicuramente contribuito alla straordinaria diffusione del pensiero ateo e materialista che imperversa nella nostra epoca.

Molti paesi hanno individuato negli Stati Uniti il faro del progresso tecnologico dell'Occidente e, per molti occidentali, progresso tecnico, progresso scientifico e progresso intellettuale e culturale si sono identificati. Il mito degli USA come motore della civiltà umana è stato alimentato dalle missioni lunari, e non di poco.

Nemmeno viene valutata a sufficienza la interazione della Luna con i fenomeni umani e terrestri.

Di conseguenza, il vero motivo inconscio, che mi ha indotto a mettere le mie conoscenze per iscritto, è stato la desolante constatazione di come la scienza e l'astronomia siano sovente distorte, deviate e manipolate.

Si imbastiscono dibattiti sterilmente accesi su fantomatici esopianeti mai raggiungibili, però, sulla Luna è calato un silenzio imbarazzante. Il metodo scientifico può procedere, infatti, unicamente attraverso il confronto e la discussione tra gli scienziati e non intralciato da una cortina di incerte verità inframezzate da tabù incontestabili.

Qualora non diate per scontato di conoscere tutto del satellite terrestre, se non siete persuasi della veridicità dei testi scientifici, allora questo volume sarà di vostro gradimento.

Si tratta essenzialmente di una raccolta di articoli che ho prodotto e pubblicata da riviste preminenti quali *Archeo Misteri Magazine*, *UFO International Magazine* e *Notiziario UFO*, organi d'informazione specializzati facenti capo al dottor Roberto Pinotti, segretario generale del CUN (Centro Ufologico Nazionale).

Il titolo del libro è ispirato da un programma web-radio che realizzai nel 2009: "*La Luna di Carta*".

In appendice, sono stati inseriti, fra l'altro, tre importanti trascrizioni di interviste audio, estrapolate da quella trasmissione: una con Wil Tracer, una seconda con Ralph Renè, realizzata pochi mesi prima della prematura scomparsa, la terza e ultima con l'amico e scrittore greco Sotiris Sofias. Preciso che tutte le traduzioni presenti in questo testo sono state eseguite dal sottoscritto.

Buona lettura.

Albino Galuppini

Brescia, gennaio 2022

INTRODUZIONE DELLA TERZA EDIZIONE

Ne è passata di acqua sotto i ponti, come fosse trascorso un secolo davvero, dal 2015 quando pubblicai la prima edizione.

Al modo della palla di neve che rotola giù per il pendio innevato, divenendo sempre più grande, si schiudono scrigni di conoscenza, si è acquisita sempre più consapevolezza della reale consistenza del mondo in cui viviamo.

L'enigma che circonda la Luna diviene ogni giorno più consistente.

Vi sono diverse teorie sull'origine del corpo selenico.

C'è chi dice sia un pianeta e planetoide poiché troppo grande in rapporto al corpo attorno cui orbiterebbe.

Forse è un esopianeta. Si definisce *esopianeta* o *exopianeta* un corpo planetario orbitante attorno a una stella diversa dalla nostra, il Sole. Finora, ne sarebbero stati individuati oltre 700 e il numero è in costante crescita.

Secondo la teoria esposta da Sotiris Sofias nel suo libro *Il Mistero della Luna*, il nostro satellite naturale sarebbe un pianeta interno di un altro sistema solare portato attorno alla Terra da un'intelligenza aliena.

Mercurio e la Luna si assomiglierebbero parecchio, tanto da indurre lo scrittore greco a supporre che essa fosse il "mercurio" di un altro sistema solare proporzionalmente più piccolo. La Luna è il 70% di Mercurio il pianeta più interno e infuocato del nostro sistema planetario, stando al modello eliocentrico. Ossia dalla superficie butterata di crateri (a causa della ricaduta degli asteroidi attratti dalla stella cui è prossimo) e orbita sull'eclittica come un pianeta. Oltre a ciò, non ha caratteristiche simili agli altri grandi satelliti dei pianeti giganti ossia Giove e Saturno.

D'altronde, la Luna che ci fa li?

Nessuno degli altri pianeti di tipo terrestre (Mercurio, Venere e Marte) ha lune, e così grandi e distanti. Marte, si sa, ha due piccoli satelliti, *Phobos* e *Deimos*, i quali orbitano vicinissimi ed hanno tutta l'aria di essere asteroidi catturati in orbita piuttosto che di lune formatesi mentre si coagulava il pianeta rosso.

Figura 1: Mercurio, a sinistra, rappresentato in scala con la Luna.

Anche le teorie sull'origine della Luna sono *far fetched*, come dicono gli inglesi, cioè improbabili se non improponibili.

Secondo altri, essa si sarebbe differenziata dal "magma primordiale" che avrebbe generato la Terra.

Che cosa è invero la Luna?

Selene è il vero mistero di cui gli esperti si dovrebbero occupare, che gli scienziati dovrebbero studiare.

La luna è, in termini di distanza, il corpo celeste più vicino alla Terra. Possiamo vederla nel cielo per tre settimane su quattro e per migliaia di anni le persone hanno approfittato della sua luce per orientarsi nell'oscurità.

Perché non si dibatte sulle ambiguità seleniche? Questioni perennemente senza risposta. Perciò, attorno alla vera essenza della Luna, ritengo esista una congiura del silenzio.

La teoria astronomica corrente afferma che ci sono meteore le quali precipitano sulla superficie lunare generando un impatto che può causare un bagliore che perdura anche per diversi minuti. Però, come mostrato dalla recente e spaventosa esplosione di Beirut, una detonazione violenta provoca un effetto fulmineo.

Vengono chiamati *Fenomeni Lunari Transitori* (FLT).

Oggi, scopriamo una nuova teoria: che essi sono causati dall fatto che viviamo in un mondo olografico. La Luna è una luce nel cielo che varia in trasparenza. Dunque, attraverso di essa, si scorgono misteriose luci, di tanto in tanto.

Secondo i soliti noti, si tratta solo di aberrazioni atmosferiche o scherzi del caso. Inoltre, vicino all'orizzonte

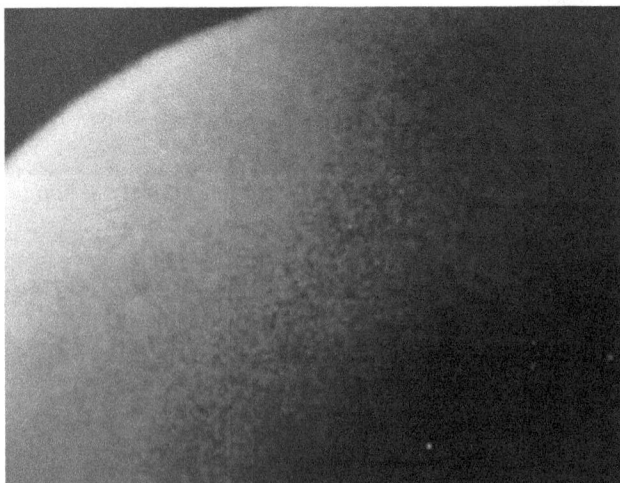

Figura 2: alcune stelle (in basso e a destra) si scorgono attraverso la parte non illuminata della luna. Fotografia scattata il 27 settembre 2015 durante un'eclissi lunare. La Luna è trasparente?

s'ingrandisce, ma se la si guarda a testa in giù, ritorna di dimensione normale, oppure la Luna si accartoccia mentre tramonta. Essa è una *luminaria* ossia una lampada nel cielo che rischiara la notte. La sua luce raffredda contrariamente a quella solare che riscalda.

Brilla forse di luce propria?

Muta di colore ed è traslucida comparendo, di tanto in tanto, stelle e pianeti all'interno del suo disco. Pare solcata da sorta di "onde", come se fosse immersa in un liquido trasparentissimo. Infine, è capitato che di lune se ne scorgessero due in cielo per un breve periodo di tempo come se si trattasse di un "inconveniente nella matrice".

Oltre alla personificazione della luna come divinità, ci sono tutti i tipi di affascinanti leggende e miti associati a Selene e ai suoi cicli. Intuite che la parola lunatico deriva dal fatto che si credeva che le persone avessero maggiori probabilità di mostrare comportamenti aberranti durante la fase di luna piena.

Sebbene siano stati condotti studi che dimostrano che gli accessi al pronto soccorso e gli incidenti incrementano durante il periodo di luna piena, devono ancora essere prodotte prove conclusive per la causalità.

La luna sembra avere un effetto sugli animali così come sulle persone. Il dottor Frank Brown della Northwestern University, un esperto di comportamento animale, riferisce che i criceti girano sulle ruote in modo molto più aggressivo durante la fase lunare piena. Cervi e altri erbivori in natura tendono a ovulare durante la luna piena, e nella Grande Barriera Corallina australiana, quello è il momento dell'accoppiamento per i coralli.

In letteratura, lo strano caso del dottor Jeckyll e del signor Hyde, di Robert Louis Stevenson, sarebbe stato ispirato da Charles Hyde, un uomo londinese che avrebbe commesso una serie di crimini durante i pleniluni, comunque, gli studiosi non hanno trovato alcun riscontro dell'esistenza di quest'uomo, e l'affermazione parrebbe aver avuto origine negli anni '50 in una storia pubblicata sul Readers Digest.

Tuttavia, anche se un "mister Hyde" non esistesse, ci sono storie vere di crimini di persone che hanno ucciso durante la luna piena in più mesi. In vari paesi, un alone intorno alla luna significa che si approssima il maltempo. Da un punto di vista folcloristico, ancora, molte tradizioni di magia meteorologica indicano che un alone lunare significa pioggia, neve o altre cattive condizioni atmosferiche in arrivo.

Figura 3: alone lunare fotografato il 25 settembre 2021 a Kolkata nel Bengala occidentale in India. Di che fenomeno si tratta? E cosa causa la "superluna"?

Collegato all'alone lunare, si riscontra il fenomeno chiamato arco lunare.

È interessante notare che, a causa del modo in cui la luce si rifrange, un arco lunare che è proprio come un arcobaleno, ma appare di notte, sarà visto solo nella parte del cielo opposta a quella in cui è visibile la luna.

La luna piena è sempre stata circondata da un'aura di mistero e magia. È legata agli alti e bassi della marea, così come al ciclo variabile degli ormoni femminili.

Alcune persone credono che il quinto giorno dopo la luna piena sia il momento perfetto per provare a concepire un bambino.

Diversi retaggi culturali, nel corso della Storia, hanno onorato le divinità lunari, tra cui Artemide, Selene e Thoth. In alcune religioni cinesi, le offerte agli antenati vengono fatte nella notte di luna piena. In alcune leggende dei nativi americani, la luna è tenuta prigioniera da una tribù ostile.

Si crede, da parte dei vati, che la notte di luna piena sia un buon momento per la divinazione e così via.

In aggiunta, esiste una lunga tradizione agricola relativa alla semina in base alle fasi lunari, ad esempio, negli almanacchi di frate Indovino.

La magia della luna.

Per molti pagani, i cicli della luna sono importanti per le attività magiche.

In alcune tradizioni, si crede che la luna crescente, la luna piena, la luna calante e la luna nuova abbiano loro proprietà magiche speciali, e quindi i lavori agricoli dovrebbero essere pianificati di conseguenza.

Martha White al The Old Farmer's Almanac scrive: "*Le fasi nuova e del primo quarto, conosciute come la luce della luna, sono considerate buone per piantare colture fuori terra, piantare zolle, innestare alberi e trapiantare. Dalla luna piena fino all'ultimo quarto, o il buio del Luna, è il momento migliore per estirpare le erbacce, diradare, potare, falciare, tagliare il legname e piantare colture sotterranee*".

Insomma, un tripudio di leggende e tradizioni che ben si scostano dalla narrazione accademica della NASA.

Possiamo, dunque, ammirare la luminaria con dei nuovi occhi, quelli della mente.

Albino Galuppini

Brescia, gennaio 2022

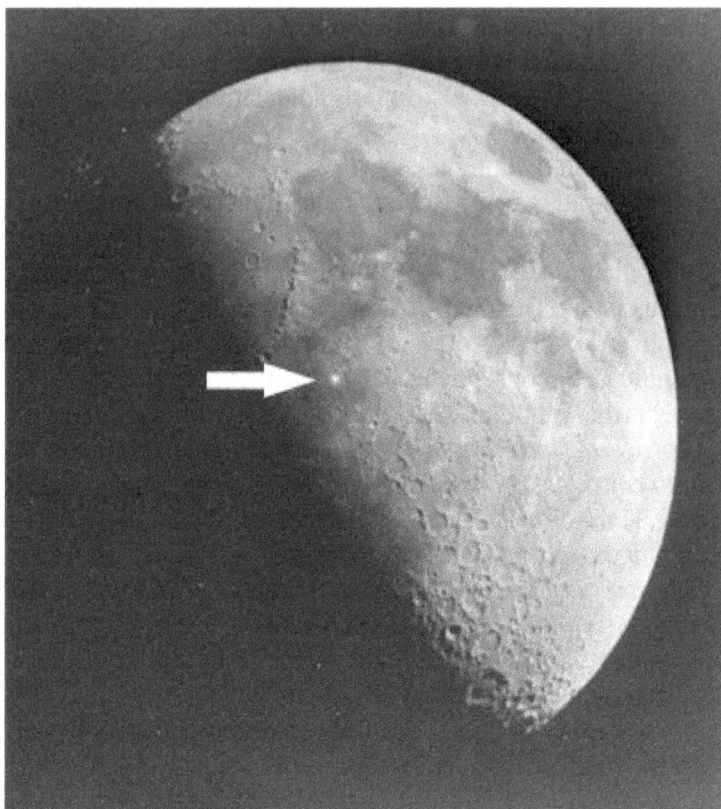

Figura 4: i Fenomeni Lunari Transitori potrebbero essere il risultato dell'attività geologica di un qualche tipo (fuoriuscita di gas?). Oppure, frutto di una forma di vita residente sulla Luna, oppure ancora, il riflesso di superfici lucide, metalliche o vetrose. Ma che genere di superfici?

Da quando è intervenuto lo sbarco americano, lo studio di questi strani eventi selenici è stato emarginato, se non accantonato.

Gli scienziati hanno rilevato una serie di crateri da impatto sulla superficie prima sconosciuti. Gli esperti della NASA che operano per il Lunar Reconnaissance Orbiter Camera, li hanno soprannominati i "tre amici". Gli stessi esperti ritengono che i crateri si siano formati un minuto l'uno dall'altro ma non hanno idea di come sia accaduto il tutto.

L'ENIGMA LUNARE

ORIGINE DELLA LUNA E LA TEORIA SISMICA DI RAFFAELE BENDANDI

Gli abitanti della Terra traggono conforto dalla sua luce che rischiara la notte, gli innamorati inguaribilmente romantici la guardano sospirando, gli astronomi la scrutano al telescopio nel cielo trapunto di stelle. Nonostante ciò, a dispetto della confidenza che nutriamo in essa, la natura della Luna rimane avvolta nel mistero.

Si tratta di un corpo celeste astronomicamente talmente fuori norma che sulla sua formazione nessuna teoria prevale sulle altre. La prima cosa che balza agli occhi è che nessuno dei pianeti simili al nostro (Mercurio, Venere con Marte) possiede un satellite così voluminoso. Peraltro, nessun satellite nel sistema solare è così grande in rapporto alla sua controparte planetaria. Per di più, la Luna orbita sul piano dell'eclittica come i pianeti e non sul piano equatoriale del pianeta-madre come normalmente succede nella fase di formazione dei sistemi solari. Pure da notare che il corpo selenico, osservato dalla Terra, ha la medesima dimensione atpparente del Sole, la qual cosa consente le eclissi solari totali. Non vi è interpretazione astronomica di questo fatto, se non la pura casualità.

La teoria canonica postula che la Luna si sarebbe differenziata dalla nebula primordiale che ha dato origine al nostro pianeta. Ma, in tal caso, essa si dovrebbe trovare molto più in vicinanza della Terra e orbitare a livello equatoriale al pari dei satelliti dei pianeti gioviani. Un'ipotesi più recente implica la collisione della Terra con un altro corpo celeste che ne avrebbe staccato un pezzo a formare il satellite ma un simile evento suona alquanto inverosimile.

Una teoria piuttosto avvincente considera che la Luna sia stata il satellite naturale di un pianeta ora non più esistente. Questo corpo si sarebbe trovato tra Marte e Giove ed esploso in un lontano passato per motivi a noi ignoti i cui resti costituirebbero l'odierna fascia degli asteroidi.

Dato che i detriti in orbita "bassa", più vicini al Sole, impiegano minor tempo a compiere una rivoluzione di quelli in orbita "alta", col tempo i brandelli del pianeta avrebbero formato l'attuale anello attorno al Sole. Ad avvalorare questa tesi vengono in soccorso due evidenze: la prima che la Luna è un satellite grande come quelli di Giove e Saturno, i quali vantano decine di lune ciascuno, mentre i "piccoli" pianeti interni non hanno gregari; la seconda osservazione è che essa è in superficie letteralmente crivellata di crateri solo da un lato. La causa di ciò potrebbe essere la deflagrazione del pianeta originario la cui devastante ondata esplosiva di detriti avrebbe interessato i suoi satelliti espellendoli dalle loro orbite. Tra di questi, vi sarebbe stata anche la nostra luna la quale avrebbe vagato per un certo periodo nel sistema solare approdando vicino alla Terra nell'orbita attuale che giace sull'eclittica ossia in un campo gravitazionale già definito. Anche Fobos e Deimos, i due piccoli satelliti marziani, hanno tutta l'aria di essere grossi asteroidi intrappolati intorno a Marte forse provenienti dai resti del pianeta disintegrato. Questo corpo doveva essere di tipo roccioso e grande circa il doppio della Terra e di Venere (diametro di 20-25 mila km) probabilmente circondato da diversi satelliti coevi in orbita equatoriale. Degli altri corpi orbitanti e di gran parte della sua massa, dispersi nell'immane detonazione, si è persa traccia svaniti negli abissi siderali o inglobati nella cintura di asteroidi principale oppure entrati nell'orbita di Giove. Interessante osservare come detti asteroidi abbiano la sembianza di scheggia o frammento come avessero in precedenza fatto parte di un oggetto più grande.

A testimonianza di ciò, paiono esserci tre tipi di asteroidi: Tipo C di composizione carbonatica, Tipo S a prevalenza di silicati e Tipo M di composizione metallica. Questi proverrebbero dalle diverse zone del corpo distrutto dato che, durante la formazione di un pianeta, al suo nucleo si concentrano le rocce che contengono metalli, poiché pesanti, mentre verso la superficie si differenziano le rocce contenenti silicio e carbonio, elementi più leggeri. Qualora poi, gli asteroidi si fossero formati singolarmente dalla nube primordiale, dovrebbero avere una composizione meno eterogenea ed essere di forma sub circolare tipo planetoidi o lunette.

In ogni caso sembra abbastanza probabile che la Luna non si sia formata assieme alla Terra ma sia giunta nei nostri paraggi in un secondo momento proveniente da un qualche altro punto del cosmo.

Questa sua condizione finale è verosimilmente all'origine di un'instabilità nel legame gravitazionale con la Terra, la quale fa "scricchiolare" il nostro pianeta. Le maree e i terremoti non sarebbero altro che la manifestazione di questo disequilibrio. Non si conoscono dati certi sull'attività sismica su Venere e Marte, corpi privi di un compagno così imponente. Neanche Mercurio, cui la Luna assomiglia parecchio, possiede satelliti. Si può fantasticare che un tempo essa sia stata il pianeta più interno di un altro sistema solare. Oppure, rammentando le asserzioni di un sismologo romagnolo, si potrebbe aggiungere che la Luna orbitasse attorno al nostro sole più vicina di Mercurio. A profetizzare l'esistenza di un pianetino premercuriale, nonché strenuo sostenitore dell'origine cosmica dei sismi, fu Raffaele Bendandi, classe 1893, nato a Faenza città famosa nel mondo per le sue ceramiche, con un carattere tipicamente sanguigno di quella terra. "Faenza" era il nome che aveva riservato questo supposto corpo celeste.

Vi sono uomini le cui ricerche pionieristiche nei più svariati campi rimangono ignorate, se non osteggiate, per diverso tempo prima di essere pienamente accolte ed elevate agli onori delle strutture accademiche blasonate. La storia della scienza è costellata da sperimentatori solitari dal genio incompreso dai loro contemporanei: Alfred Wegener perì in circostanze drammatiche durante una spedizione in Groenlandia molto prima che fosse universalmente riconosciuta valida la sua teoria sulla tettonica a zolle e deriva dei continenti. Similmente, occorsero decine di anni prima che venisse suffragata l'ipotesi della segregazione dei caratteri da una generazione all'altra con cui il frate agostiniano Gregor Mendel diede inizio ad una nuova scienza: la Genetica. Costoro in vita furono avviliti dalla ortodossia della comunità scientifica e dal sarcasmo di molti colleghi.

Raffaele Bendandi probabilmente è uno di questi personaggi precursori del loro tempo. Lui era un ricercatore autodidatta che costruiva da se gli strumenti che gli occorrevano per formulare le sue ipotesi sulla genesi dei terremoti. Aveva frequentato solo la quinta classe elementare e poi una scuola per intagliatore di legno.

La teoria bendandiana fu concepita dal giovane faentino osservando le maree alternarsi sul litorale ravennate a Porto Corsini mentre assolveva l'obbligo militare dalle retrovie della Grande Guerra. Era stato, infatti, inquadrato nel servizio a terra di una squadriglia d'idrovolanti. Si chiese Bendandi: se la Luna può muovere colossali quantità d'acqua marina, perché non potrebbe influire sulle masse terrestri e scatenare i terremoti? Se guardiamo al peso dell'acqua marina, scopriamo che esso è di 1025 grammi per litro, maggiore di quello dell'acqua pura a causa dalla presenza del sale. Il peso delle rocce nella crosta terrestre superficiale è di 2,6 Kg per decimetro cubo. Dato che un decimetro cubo equivale a un litro di acqua pura, il peso delle rocce superficiali è solamente 2,5 volte maggiore di quello dell'acqua marina. Difficile pensare che non possano esistere anche "maree solide", ossia che l'attrazione gravitazionale lunare non sia capace di "infastidire" le placche tettoniche. Secondo Bendandi gli eventi tellurici sono determinati da configurazioni astrali e in tale modo preconizzabili. La posizione reciproca dei pianeti e della Luna nel cielo può favorire la genesi delle scosse sismiche. Esiste, invero, una ciclicità statistica dei forti terremoti che collima con la periodicità dell'allineamento tra i pianeti e la distanza tra le loro orbite.

Ebbe a dichiarare con sicurezza: "L'origine dei terremoti, secondo le mie teorie, è prettamente cosmica ed il terremoto avviene, secondo i dati da me raccolti e controllati, avviene quando nel giro mensile di una rivoluzione lunare l'azione del nostro satellite va a sommarsi a quella degli altri pianeti".

La sua convinzione era corroborata dal certosino studio degli eventi passati: "Perchè sono sicuro del mio fatto? Perchè sono riandato negli anni remoti fino all'era volgare e ho trovato più di 20 mila fenomeni, la garanzia che il metodo è buono lei l'ha guardando nel passato" disse rispondendo ad un cronista.

Finita la guerra, Raffaele Bendandi prosegue i suoi studi sismologici acquisendo notorietà poiché aveva azzeccato l'accadere di

Figura 5: Raffaele Bendandi (17 ottobre 1893 – 3 novembre 1979).

alcuni terremoti come quello della Marsica del 13 gennaio 1915. Trascorrono gli anni, una volta propagandata dal 1912 l'ipotesi della deriva dei continenti di Wegener, nel 1923 decide di uscire allo scoperto durante una conferenza stampa in città al teatro Sarti da cui annuncia di essere in grado di prevedere i fenomeni tellurici. Pungolato dai giornalisti, Bendandi si sente pronto ad affidare a un notaio le sue anticipazioni in modo che nessuno ne dubiti. Il 23 novembre 1923, si reca dal notaio Domenico Savini di Faenza davanti al quale redige una previsione per un sisma che sarebbe dovuto avvenire all'inizio dell'anno successivo, esattamente il 2 gennaio 1924 nelle Marche. Il terremoto avviene veramente nel posto predetto ma il 4 gennaio, con due giorni di ritardo. Trattandosi d'influenze di ordine cosmico, egli non riusciva sempre ad annunciare il luogo esatto, ma magnitudo e data approssimate invece sì.

La sua notorietà si espande tanto che forse comincia a infastidire la classe dirigente scientifica. Nel 1926 Benito Mussolini in persona, attraverso il prefetto di Bologna, gli ordina di smettere di rendere pubbliche le previsioni. Gli imperativi del governo italiano non intaccano la tempra arcigna di Bendandi il quale prosegue alacremente le sue ricerche nell'ombra. Scriverà amareggiato: "Io dunque farò silenzio su i prossimi terremoti che avverranno in Italia, ma disgraziatamente non sarà il mio silenzio che potrà evitarli". Non all'estero rimane nell'ombra, specie in America e Giappone, dove la sua nomea si diffonde grazie anche ai sismografi, di sua progettazione e costruzione, con i quali riesce a guadagnare un po' di denaro per proseguire le sue attività. Il suo lavoro è a tal punto seguito fuori dalla penisola che il giovane principe Hirohito, in un suo viaggio in Europa pochi mesi prima di divenire imperatore del Giappone, gli fa visita a Faenza per conoscerlo e ringraziarlo personalmente. I suoi studi sulla prevedibilità dei terremoti sono così importanti per l'arco insulare nipponico, notoriamente uno dei paesi più sismici al mondo. Bendandi nel 1931 pubblica di tasca propria il suo unico librto intitolato: Un principio fondamentale dell'universo. E per le sue ricerche, riteneva inoltre che l'attività solare e l'allineamento dei pianeti con la Luna potessero anche influire sulla psiche di persone particolarmente sensibili e predisposte. Predisse in tarda età anche il sisma del Friuli del 6 maggio 1976 ma i suoi avvertimenti rimasero inascoltati. Raffaele Bendandi si spense il tre di novembre 1979 all'età di 86 anni lasciando la sua casa con gli strumenti ed i carteggi al comune di Faenza.

I sismologhi moderni negano recisamente che la Luna, il Sole o altri corpi celesti possano alimentare l'attività tellurica, però scienziati ed esperti sovente si sbagliano. Le placche tettoniche composte di roccia sono mobili nella crosta terrestre e l'effetto lunare sui mari è innegabile. E ci sono molti altri sincronismi scientificamente dimostrati tra ciclo lunare e avvenimenti biologici. Ricordo solamente il ciclo mestruale nella donna. Nel

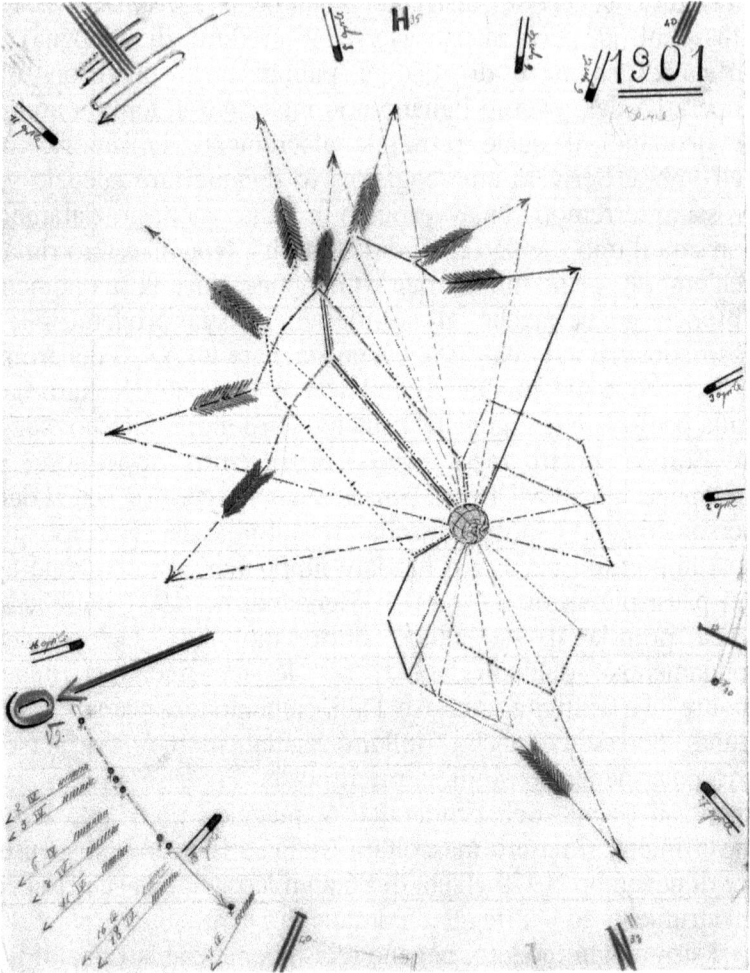

Figura 6: esempio di sismogramma disegnato da Raffaele Bendandi.

nostro retaggio culturale inoltre, i "lunatici" sono coloro che si ritiene essere influenzabili dalla Luna.

Negli ultimi dieci anni sono avvenuti solo due terremoti di magnitudo eccezionale, oltre il 9° grado della scala Richter: uno alla fine del 2004 nell'oceano indiano e uno nel marzo del 2011 in Giappone. Entrambi sono capitati in vicinanza di un particolare allineamento Sole-Terra-Luna chiamato "superluna". Una coincidenza, assicurano i geologi.

Tuttavia, scienziati ed esperti che rullano un tamburo di latta sul petto gonfio d'orgoglio per le loro granitiche certezze, sebbene intonino lamenti per l'incapacità di anticipare i sismi, dovrebbero rendersi conto che la scienza convenzionale è ormai divenuta un "Moloch" che divora i suoi fedeli. Qualunque affermazione trascenda il sistema di credenze dominanti viene ritenuta pazzesca o tacciata di pressapochismo e mancanza di scientificità. Eppure, solo un secolo fa sarebbe stata un'elucubrazione folle, o considerata una speculazione grottesca, sostenere che i continenti potessero migrare e che dal colore dei piselli sarebbe comparsa una nuova disciplina scientifica. Allora perché un intagliatore di legno romagnolo e appassionato sismologo non potrebbe avere follemente ragione?

La biografia di Raffaele Bendandi, con una ben documentata spiegazione delle sue teorie, si trova nella splendida opera: Raffaele Bendandi: Ombre sul Sole la cui autrice è Paola Pescerelli Lagorio presidentessa dell'Osservatorio Geofisico Comunale "Raffaele Bendandi" di Faenza (RA).

Figura 7

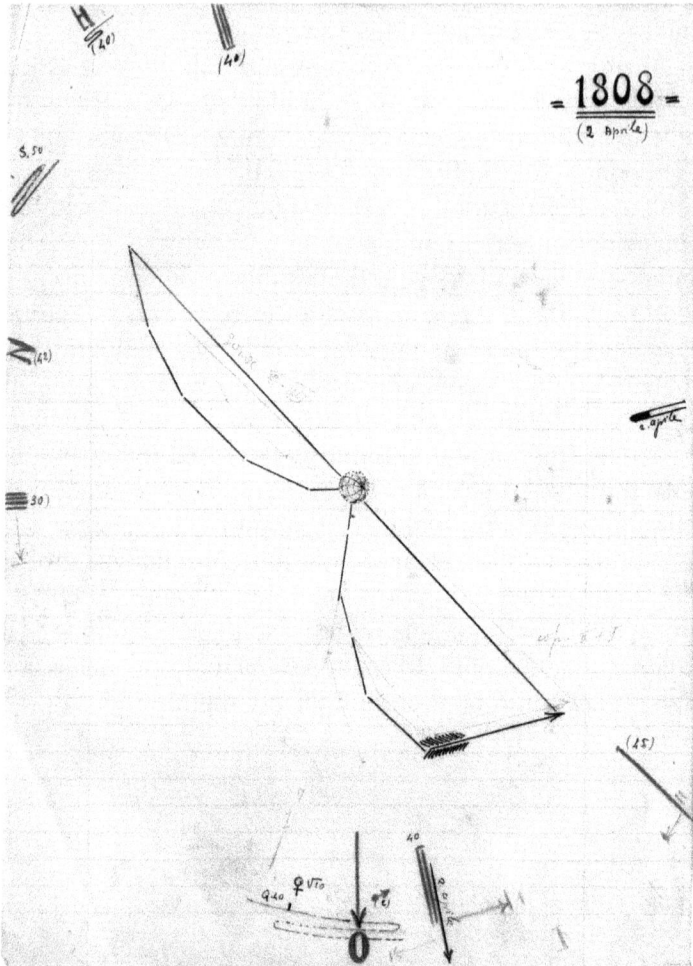

Figura 8: otteneva così una "poligonale delle forze" in gioco la quale era chiusa da una linea continua chiamata "risultante" composta dai moduli con cui i pianeti e la Luna agiscono sulla Terra. Raffaele Bendandi considerava non soltanto l'influenza del Sole e della Luna, ma di tutti i pianeti del sistema solare per i suoi calcoli. Applicando la regola del parallelogramma, ricavava l'azione di ogni singolo pianeta sulla Luna.

LA LUNA È GIUNTA NEI NOSTRI PARAGGI 12.500 ANNI FA.
UN'IPOTESI AFFASCINANTE

La nostra luna dista in media 384.400 km e ha un diametro di 3476 km, per dare un'idea, la lontananza esistente tra il Portogallo e la Russia. Sopratutto, essa rimane uno dei misteri più profondi di tutti i tempi. Chiunque la può scrutare attraverso un telescopio e, di tanto in tanto, osservare qualche sommovimento nella sua flemma apparentemente immutabile. Similmente a quando si era fanciulli, la immaginiamo gialla e tonda illuminarci col suo chiarore benevolo, intravedendo in essa un omino dalla faccia buffa.

Non ci passerebbe nemmeno per l'anticamera del cervello di domandarci se in un passato remoto la Luna non si fosse trovata nel cielo, lassù dove la ammiriamo oggi.

Eppure è una questione che dovremmo porci.

Il periodo prima del quale la Terra era priva della Luna è probabilmente uno dei retaggi più fiochi della specie umana. Ci sono però alcuni resoconti storici, a partire dalla letteratura greco-romana.

I filosofi greci Democrito e Anassagora credevano che fosse esistito un tempo in cui la Luna non era presente. Il grande Aristotele riteneva che l'Arcadia, regione del Peloponneso nella Grecia centrale, prima che venisse occupata dagli Elleni, fosse stata popolata dalla tribù indigena dei Pelasgi, dove si insediarono anteriormente all'apparizione della Luna attorno alla Terra. Per questo motivo, l'illustre filosofo i sudditi di re Pelasgo li chiama Preseleniani (Prima della Luna). La loro notte più buia era popolata da fuorilegge le cui gesta erano intrise dal mito, inclusi i crimini commessi dagli "uomini-lupo" (selvaggi) del monte Lykaion che preludevano all'emersione dell'Arcadia "civilizzata". Tali popolazioni, di una grande antichità, non andarono estinte bensì si fusero con i nuovi arcadi dando origine alla civiltà greca arcaica.

Il poeta Apollonio Rodio, che fu bibliotecario nella famosa biblioteca di Alessandria d'Egitto, nel suo poema epico "Argonautica" menziona un tempo in cui "non tutti globi celesti erano nei cieli. Prima che i Danai e i discendenti di Deucalione esistessero, solo gli Arcadi di Apis ci vivevano [in Arcadia], si tramanda che essi dimorassero sulle alture cibandosi di ghiande, prima che ci fosse la Luna".

Allusioni alla mancanza del corpo selenico possono essere rintracciate anche nelle Sacre Scritture. In Giobbe, nei Salmi e nella Genesi.

Certi autori considerano "pre-seleniane" le culture arcaiche che non osservavano ancora le fasi lunari in connessione alle loro attività pratiche o simbolico-mistiche ossia non seguivano un calendario (lunare). Storici e grecisti piazzano la comparsa della Luna poco prima della guerra fra gli dei e i giganti.

Giordano Bruno, il filosofo domenicano del 16° secolo, scrive nel De Immenso: "Vi sono coloro che hanno creduto che in un certo passato la Luna, che è ritenuta essere più giovane del Sole, non fosse ancora stata creata. Gli Arcadi, che dimorano non lontano dal Po, si pensa fossero esistiti prima di essa".

Oggigiorno, vi sono tre maggiori teorie scientificamente accettate sull'origine lunare:

1. La Luna si è formata assieme alla Terra, 4,5 miliardi di anni fa, dalla nube primordiale da cui si è generato l'intero sistema solare.

2. La Luna si è formata altrove nel sistema solare ed è giunta nei nostri paraggi in un secondo momento.

3. Il satellite si è originato dopo un gigantesco impatto con la Terra da parte di un corpo celeste accostabile a Marte.

Il nostro satellite "naturale" possiede una tale quantità di peculiarità astronomiche da lasciare esterrefatti, per quanto ciò rimanga nella penombra scientifica quando non abbandonato in un vero e proprio dimenticatoio. Esso sembra essere frutto di una collocazione intelligente nella sua traiettoria che segue il piano dell'eclittica anziché situarsi sul piano equatoriale come avviene per i satelliti dei pianeti gioviani.

L'origine coeva di Terra e Luna appare poco plausibile considerando, in particolare, che neanche uno dei pianeti di tipo "terrestre" possiede un satellite ciclopico in rapporto alla massa del corpo attorno cui orbita.

Non molto tempo dopo che le missioni Apollo venissero consegnate ai libri di storia, fu avanzata la teoria sulla formazione lunare che oggi va per la maggiore poiché le rocce riportate dagli astronauti mostravano una stretta rassomiglianza con quelle terrestri. Di conseguenza, nel 1974, l'artista e scienziato William Hartmann elaborò l'ipotesi secondo cui la Terra condividesse la sua orbita con un altro pianeta dalle dimensioni di Marte che ribattezzò Theia. A un certo punto nel tempo, l'orbita di questo ipotetico corpo celeste divenne instabile entrando in rotta di collisione col nostro pianeta in uno spaventoso impatto. I detriti di Theia e la parte di crosta terrestre proiettati nello spazio avrebbero poi formato la Luna aggregandosi in orbita.

Riguardo a tale teoria, vi sono due controindicazioni: la prima è che nessun pianeta del sistema solare ha un compagno nella propria orbita; l'altra è che si sospetta che le missioni lunari degli USA siano fasulle. Quindi, anche le analisi delle rocce "lunari" andrebbero prese col beneficio del dubbio. Eppoi, l'eminente giornale astronomico dell'Università di Harvard "Sky and Telescope" riportò della datazione di alcune rocce seleniche a 5,3 miliardi di anni, circa 800 milioni di anni precedenti le più vecchie del nostro sistema solare. Come è possibile che la "madre" sia più giovane della "figlia"? Solo nel caso la Luna si sia originata altrove, in un sistema solare più antico del nostro.

Sembra che la Luna abbia cambiato posizione (orbita) rispetto alla Terra. In numerose antiche tradizioni il calendario è formato da 13-14 mesi (compimento dei cicli lunari) nel periodo di una rivoluzione terrestre attorno al Sole (anno). Selene ruotava attorno al pianeta un maggior numero di volte. A seconda del punto di osservazione, il ciclo lunare varia attestandosi attorno ai 28 giorni terrestri. In base alla suddivisione dei calendari più remoti, il mese durava 24-25 giorni. Ciò può essere riconducibile al fatto che la distanza tra la Luna e la Terra aumenta, gli scienziati calcolano 4 cm l'anno. Dato che la Luna viaggia a una velocità costante di quasi 3700 km/h, anticamente essa doveva trovarsi più vicina alla Terra in modo da ruotarle intorno in minor tempo.

Quantunque pensiate trattarsi di fantasticheria, sono state formulate tesi più ardite.

Già nel luglio 1970, due scienziati russi diramarono una allora ritenuta bizzarra teoria sull'origine del satellite. Michael Vasin e Alexander Shcherbakov pubblicarono sul giornale sovietico Sputnik un articolo intitolato: "La Luna è una creazione di intelligenza aliena?". Secondo i due, essa sarebbe stata posta nell'orbita da una razza extraterrestre per ragioni a noi ignote. Nel 1975, lo scrittore Don Wilson diede alle stampe un caposaldo dello studio lunare sotto luce differente: "Our Mysterious Spaceship Moon" che assomma una sfilza di evidenze che portano a concludere che il planetoide non sia di origine naturale.

In anni recenti, la teoria di Selene come astronave "camuffata" da satellite, immessa in orbita terrestre da entità misteriose, oltre 10 mila anni fa, procurando paurosi sconquassi gravitazionali e cataclismi immani, è stata rivitalizzata dallo scrittore greco Sotiris Sofias nel suo libro "Il mistero della Luna".

A giudizio dell'autore, la Luna avrebbe potuto essere il pianeta più interno, ossia vicino alla stella, di un sistema solare il 30% minore in scala del nostro. Lo starebbe a dimostrare, stando allo scrittore ellenico, la constatazione che la Luna assomiglia straordinariamente a Mercurio, il pianeta prossimo al Sole, la cui superficie è altrettanto crivellata di crateri.

Il procedere del discorso riveste il nostro satellite di nuovi colori.

L'astronauta Neil Armstrong, sedicente primo uomo sulla Luna, dichiarò in un'intervista rilasciata al programma "The Sky at Night" della BBC che il colore della Luna è "a puzzling phenomenon" ("un fenomeno sconcertante").

Le immagini che conosciamo, o meglio, che ci vengono fatte conoscere, dipingono un panorama monocromatico della sua superficie, uniformemente grigiastro. Tuttalpiù, brunastro o giallastro, non dissimile da come la percepiamo a occhio nudo.

In realtà, la colorazione del satellite terrestre si manifesta molto differente. Essa è un caleidoscopio di colori cangianti e sorprendenti. I "mari", per dire, sono prevalentemente di colore blu o arancione mentre i crateri tendono al rosa. Ciò riflette la differente composizione mineralogica del materiale superficiale e l'angolo di incidenza della luce solare. Forse per questo gli antichi, meno ottenebrati dall'inquinamento luminoso di noi, li avevano chiamati in latino "Maria" ritenendoli superfici acquatiche. Se la osservate con un telescopio, potete verificarlo di persona. Il Mare della Tranquillità, dove si dice allunò la prima spedizione dell'Apollo, è blu. E che cosa causa il fenomeno della "luna rossa", talora osservabile?

Qualora la Luna si fosse legata a noi in tempi geologicamente recenti, si può stabilirne una data?

Vi sono correnti di pensiero che convergono unanimemente verso un periodo preciso: 12.500 anni fa. Una sequela di catastrofici cataclismi accomunati da un singolare sincronismo fissabile al 10.500 a. C. quando scomparve come d'incanto una civiltà, o più d'una, su scala globale che erigeva monumenti megalitici.

Molti egittologi ritengono che la Sfinge e i monumenti a Giza abbiano circa 4500 anni. Ma nelle Piramidi non vi sono iscrizioni o segni che facciano riferimento ai faraoni dell'antico Egitto. Le tre piramidi sono talmente maestose e colossali da sembrare arduo che civiltà antiche, tra quelle conosciute, posano averle erette.

John Anthony West, un ricercatore americano, ha osservato una particolare forma di erosione della Sfinge attribuibile ad alterazione meteorica dovuta a forti e insistenti piogge che nella piana di Giza non si registrano da centinaia di migliaia di anni, secondo i modelli paleo-climatologici convenzionali. Le piramidi egiziane sembrano essere dunque molto più antiche di quattro millenni e mezzo e sono state soggette a un clima completamente differente dall'odierno.

Su entrambe le sponde dell'Atlantico albergano tradizioni di una Terra senza Luna risalenti alla notte dei tempi. Antiche reminiscenze, in tal senso, sopravvivono tra gli Indio della tribù Chibcha, abitanti la Cordigliera Orientale della Colombia, secondo le quali in un tempo ancestrale la Luna era assente tra le sfere celesti.

Nel Sudamerica spuntano strabilianti costruzioni come Saksaywaman (Figura 9) e Tiahuanacu le cui strutture mastodontiche non hanno nulla a che vedere con le popolazioni precolombiane incontrate 500 anni fa dai coloni e conquistatori europei. Curiosamente, nel sito archeologico di Tiahuanacu, in Bolivia, si troverebbe un riscontro dell'esistenza di popoli "pre-lunari". Archeologi asseriscono di avere decifrato alcuni simboli dipinti sulle mura della antichissima città. Orbene, tali ideografie descriverebbero l'arrivo dell'"attuale" luna fra gli 11.500 ed i 13.000 anni fa. Peraltro, gli abitanti di Tiahuanacu

Figura 9: Sacsayhuaman è tra i quattro siti archeologici appena alle porte di Cusco con PukaPukara, Tambomachay e Qenqo.

coltivavano un mito secondo il quale un tempo remoto la Terra possedeva più lune, tutte le quali precipitarono sul globo causando una glaciazione.

Ovviamente, non è agevole districarsi tra mito e realtà, in questi casi.

Misteriose civiltà hanno prosperato, forse per millenni, fino a scomparire quasi istantaneamente senza lasciare traccia alcuna, se non enigmatici monoliti che costituiscono rompicapi irrisolti. Sotto il livello del mare, si rinvengono altre strutture di ardua interpretazione, dall'aspetto di formazioni artificiali. Ne sono esempi i monumenti di Yonaguni, al largo del Giappone, (Figura 10) e di Cuba (Figura 11).

Una quindicina d'anni fa, una squadra di tecnici stava esplorando il fondale della costa occidentale cubana in cerca dei tesori di galeoni affondati durante l'epoca coloniale. Quasi 650 metri sotto la superficie gli strumenti registrarono un'anomalia nel sonar visuale. Dal "deserto" del fondo oceanico gli echi sonar identificarono un'intera città.

Un geologo esaminò la scansione affermando trattarsi di grandi blocchi giustapposti di granito squadrato. I giornali per un po' si sbizzarrirono, fantasticando di "Atlantide" e "città perduta sul fondo dei Caraibi", dopodiché sulla scoperta l'oscurità mediatica calò rapidamente, ancora più fitta che negli abissi in cui le strutture erano state scovate. Affinché un luogo affiorante possa affondare per 650 metri occorrono movimenti tettonici di decine, se non centinaia, di migliaia di anni. Ma dalle immagini, non traspaiono sedimenti depositati per un periodo così lungo.

Le costruzioni di Stonehenge e la scomparsa di Atlantide sono datati circa 12 millenni or sono.

Secondo la cronologia canonica, a quell'epoca, l'umanità si trovava ancora all'età della pietra, conosceva il fuoco ma non la ruota e l'agricoltura. Però ci sono monumenti, come a Baalbek in Libano, così enormi che i moderni ingegneri non sono in grado di replicarli nemmeno con la migliore tecnologia oggi disponibile.

Figura 10: le rovine megalitiche sottomarine di Yonaguni.

Figura 11: città sottomarina al largo di Cuba.

Possibile che l'orologio della Storia, a partire da culture complesse, sia tornato indietro all'età della pietra?

Parallelamente, nella storia naturale, vi sono state estinzioni subitanee di specie animali, possibilmente già giunte al culmine del loro ciclo evolutivo.

I mammut lanosi (*Mammuthus primigenius*) sono zoologicamente parenti stretti ed estinti degli elefanti ma ricoperti da un fitto pelo, adattamento al clima subartico.

Tanti di essi sono rinvenuti ibernati in Siberia e rimangono uno dei misteri sui quali la scienza moderna continua a interrogarsi. L'isola artica di Wrangel era l'ultimo rifugio del mammut, su 7.600 km quadrati sperduti a nord della Siberia sopravvisse fino a 3.700 anni fa una popolazione residuale di questa specie.

Il territorio isolano durante le fasi glaciali faceva parte della terraferma ma, con la fusione del ghiaccio e l'innalzamento del livello marino, fu separato dalla Siberia. Ricercatori dell'Università di Stoccolma, grazie all'analisi genetica di resti fossili recuperati, hanno scoperto che gli ultimi mammut si sono estinti in breve tempo. Da ossa e denti di complessivamente 36 individui datati a diverse epoche, dall'isolamento dalla terraferma 9.000 anni fa fino al periodo di estinzione, è stato estratto il materiale genetico e comparato con 6 animali datati a 12 mila fino a 36 mila anni or sono.

La diversità genetica riscontrata mostra che la popolazione si era sviluppata da un ceppo ridotto di animali, rimasti intrappolati sull'isola quando salì il livello del mare.

Cosa può avere bruscamente innalzato il livello delle acque imprigionando mandrie di mammut circa 10 mila anni fa?

Gli interrogativi non finiscono qui. L'ultima era glaciale, stando alle rilevazioni, ha cominciato a cedere 15 mila anni fa per poi svanire in alcune migliaia di anni.

Le ricerche di Paul Mayewki, dell'Università del New Hampshire, però hanno detto qualcosa di diverso. Analizzando le "carote" di ghiaccio estratte in Groenlandia, è stato osservato un drastico cambiamento del clima nel giro di 10 o 20 anni soltanto.

Uno strato di nano-diamanti arrotondati indicherebbe un evento di origine cosmica: uno o più impatti di inaudita violenza la cui energia avrebbe generato i nano-diamanti che nella stratigrafia glaciale marcano una datazione ben precisa: 12.900 anni addietro come mi ha cortesemente confermato di persona il professor Mayewki. Egli ha anche stabilito che allora le condizioni meteorologiche mutavano molto più bruscamente di quanto facciano oggi per un maggior gradiente di temperatura. Le autorità scientifiche sono stupefatte da quel notevole cambiamento di flora e fauna.

Tali scoperte non fanno che approfondire il mistero. Quale intensa fluttuazione climatica può essere procurata nel giro di lustri? E da cosa?

L'idea ambiziosa che avanzo è la seguente: la Terra ha repentinamente variato l'angolo di rotazione attorno al proprio asse a causa dell'immissione della Luna in orbita. L'inserzione della Luna potrebbe aver generato maree di immane portata registrate come "diluvio universale" in tutte le culture umane primordiali. Venere, pianeta simile in massa e dimensione al nostro, ha una deviazione del suo asse di rotazione, rispetto al piano dell'orbita, di soli 2 gradi. Marte, corpo molto più piccolo, di 25° e Mercurio uno scostamento quasi nullo.

La Luna non solo potrebbe avere variato l'asse terrestre ma anche, con lo spostamento gravitazionale di immani masse d'acqua (maree), modificato il clima. Osservando, infatti, una cartina della distribuzione dei ghiacci durante l'ultima era glaciale, notiamo che vi era una radicalizzazione delle differenze climatiche. Enormi ghiacciai si trovavano poco distanti da zone a clima tropicale. Il rimescolamento delle acque marine, imposto dalle nuove condizioni, ha probabilmente redistribuito in maniera più uniforme il calore solare accumulato nelle acque oceaniche con il risultato di un appianamento del clima sul pianeta ponendo fine all'era glaciale.

La comparsa della Luna nei nostri cieli, innescando terremoti e maremoti di ciclopica portata, causò lo spro-fondamento del fantomatico continente MU, l'inabissamento dell'isola di

Atlantide e la scomparsa di altre culture megalitiche. Aggiungendo un rimodellamento generale della geografia fisica e del clima i quali divennero simili a ciò che sperimentiamo nella nostra epoca.

Un indizio sismologico può suggerire che il sistema Terra-Luna sia geologicamente recente: la sua instabilità tellurica. La Luna è fonte assidua di terremoti "stiracchiando" le placche tettoniche sulla cui massa esercita un perenne "disturbo" gravitazionale ugualmente alle masse d'acqua. Se il duopolio fosse antico di miliardi di anni si sarebbe ora stabilizzato.

Qualcuno potrebbe arguire, a questo punto, che nel record stratigrafico ci sono ambienti di marea, dove vi è alternanza ciclica tra immersione ed emersione, registrati pure milioni di anni fa. A costoro si può obiettare che l'effetto di marea non è dovuto solamente alla Luna ma una componente si deve al Sole.

Sebbene il nostro astro si trovi 391 volte la distanza Terra-Luna, la sua attrazione gravitazionale nei confronti del nostro pianeta è 175 volte maggiore. In sostanza, la sua influenza sul livello dei mari è inferiore poiché le maree sono generate da una differenza di campo gravitazionale. Difatti, i diversi punti della superficie terrestre sono una frazione infinitesima della distanza col Sole mentre è significativa calcolando la distanza dalla Luna.

Se il quadro da me descritto fosse reale, qualcuno obbietterebbe ancora, l'apparizione di un corpo delle dimensioni della Luna avrebbe prodotto mutamenti molto più drammatici, tanto da far estinguere gran parte della vita sulla Terra.

In precedenza, il giorno sarebbe durato solo 8-10 ore, senza Luna a rallentare la rotazione terrestre; la rivoluzione più rapida avrebbe generato venti violentissimi e correnti marine velocissime; l'inclinazione dell'asse terrestre avrebbe oscillato maggiormente, provocando variazioni estreme di temperatura nell'arco di migliaia di anni. E i mari avrebbero ancora avuto solo le piccole maree solari. Arrivando di colpo la Luna, tutto questo quadro sarebbe mutato e la vita, già adattatasi nel corso dei milioni di anni a un ambiente totalmente diverso, sarebbe scomparsa.

D'altra parte, ci sono numerosissimi antichi organismi che presentano cicli vitali legati a quelli lunari e ciò non può essere avvenuto in una manciata di millenni.

Il *Limulus polyphemus* è un artropode chelicerato marino ed è immutato da più di mezzo miliardo di anni. Il suo ciclo vitale dipende dall'alternarsi dei plenilùni; così anche per il ciclo vitale dei polipi che formano le barriere coralline australiane: la loro sensibilità alla lunghezza d'onda della luce plenilunare è inscritta nei geni e stiamo parlando di esseri presenti sulla Terra da altrettante centinaia di milioni di anni

Ciò nonostante, l'effetto sulle acque del Sole è, comunque, circa il 40% di quello lunare, in ogni caso, garantirebbe un'alta marea verso mezzogiorno. Pertanto, ciò basterebbe a giustificare l'avanzamento e il ritiro giornaliero delle acque.

Nulla vieta di pensare pure che sia esistita un'altra luna prima di questa e la "minima" alterazione dell'ambiente terrestre deporrebbe a favore di una "collocazione intelligente" del satellite attuale.

Come conciliare evidenze solidamente contrastanti e antitetiche?

L'idea che la notte sia stata perpetuamente di un buio pesto non è romantica e ci lascia sottilmente sgomenti. Qualunque sia la verità, l'ipotesi rimane piuttosto affascinante.

Roba da "lunatici" insomma, non si può negare.

Figura 12: la sfinge è una figura mitologica raffigurata come un mostro con il corpo di leone e testa umana. La sua icona più famosa, tra le più grandi mai realizzate, si trova in Egitto, sulla piana di Giza, area che condivide con le famose piramidi. Scolpita in loco nella pietra calcarea, la Sfinge di Giza è la più grande statua monolitica tra le sfingi egizie: lunga 73,5 metri, alta 20,22 metri e larga 19,3 metri di cui solo la testa è 4 metri. Il monumento fu probabilmente ricavato da un affioramento di roccia, mentre alcune parti sono state costruite o riparate con l'aggiunta di blocchi di roccia tagliati. Generalmente, egittologi e storici datano la Sfinge al regno del faraone Chefren, intorno al 2500 a. C., in concomitanza con la costruzione delle piramidi.

Eppure, alcuni ricercatori ritengono che la Grande Sfinge di Giza potrebbe essere migliaia di anni più antica di quanto comunemente ritenuto, un dubbio che serpeggia nella comunità archeologica da decenni e che alimenta un acceso dibattito. All'inizio degli anni '90 dello scorso secolo, il dottor Robert Schoch, geologo presso la Boston University, fu uno dei primi a mettere in discussione l'età della Sfinge, annunciando che il monumento potrebbe essere stato realizzato tra il 9000 e il 5000 a. C., anticipando la cultura dinastica egiziana. Infatti, i rilievi geologici eseguiti sul monumento sembrano puntare a tempi decisamente più remoti. Sul corpo della sfinge sono presenti evidenti segni di erosione dovuti all'esposizione continua all'acqua piovana, ipotesi accettata dalla comunità scientifica. L'egittologia ufficiale non sa come spiegare questo fatto, considerando che le ultime piogge in grado di sortire tali effetti nella regione di Giza risalgono alla fine dell'ultima glaciazione. Esaminando alcune strutture vicine risalenti a diversi periodi della storia egizia si è evidenziato che tali strutture mostrano esempi precisi di erosione dovuta al vento e alla sabbia, fenomeno che differisce notevolmente rispetto all'erosione causata dall'acqua.

L'ENIGMATICA OPERAZIONE ARGUS E LE FASCE DI VAN ALLEN

Nulla quasi si conosceva del campo magnetico terrestre nello spazio fino all'inizio del 1958. Nell'ambito dell'Anno Geofisico Internazionale, una squadra di scienziati appartenenti al dipartimento di Fisica e Astronomia dell'università dello Iowa, guidata dal professor James Van Allen, fece una scoperta sorprendente. Le linee di flusso del campo magnetico incanalano e trattengono particelle cariche ad alta energia. Si tratta di due "ciambelle" che circondano completamente il nostro pianeta: una inferiore, compresa fra i 1.000 ed i 6.000 km di altitudine, costituita da una mistura di protoni, elettroni ed atomi in forma ionica a densità costante; la cintura superiore si staglia fra i 13.000 ed i 60.000 km di altezza con intensità variabile ed è costituita principalmente da elementi a carica negativa.

Lo spessore di particelle è irregolare ma cresce in vicinanza dell'equatore ove le curve del campo sono parallele alla superficie terrestre. Le fasce si allargano e si restringono deformandosi per l'influsso dell'energia che giunge dal Sole. Aumentando la latitudine, le linee di flusso divengono sempre più perpendicolari alla superficie finché convergono al suolo verticalmente. In quel punto si trova il polo magnetico, il luogo in cui la bussola impazzisce smettendo di funzionare. I due poli magnetici sono localizzati in prossimità dei poli geografici, anche se non corrispondono a essi migrando di 10-15 km annui, per cui l'ago della bussola non indica il nord geografico bensì quello magnetico da cui diverge leggermente.

Da dove provengono i corpuscoli ad alta energia? Lo spazio in cui il nostro pianeta fluttua ci appare vuoto ma in realtà è zeppo di radiazioni. Ci sono raggi cosmici, elettroni, protoni, neutroni, raggi x, raggi γ, altre particelle che vagano nel cosmo. Inoltre l'attività solare produce gigantesche tempeste con protuberanze di plasma a temperatura elevatissima che si liberano nello spazio. Quando il plasma, contenuto in una bolla magnetica solare che si rompe, viene rilasciato, si ha un "brillamento" che produce un "lampo" con emissione di massa coronale (CME). Questa essenza che si allontana dal Sole è chiamata "vento solare". Una volta giunte nei paraggi della Terra, tali particelle interagiscono col campo magnetico locale al quale sono elettricamente sensibili e sono imbrigliate nelle due maggiori cinture magnetiche comunemente dette "fasce di Van Allen". Tale "gabbia magnetica" materializza un formidabile scudo invisibile contro le irruzioni del vento solare impedendo alle radiazioni di raggiungere la superficie della Terra a danneggiare le delicate strutture biologiche.

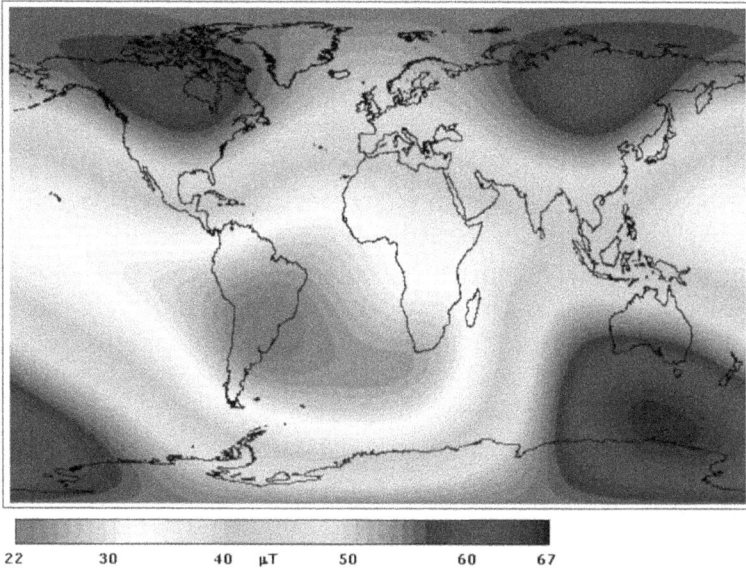

22   30   40   μT   50   60   67

Figura 13: l'Anomalia dell'Atlantico Meridionale (SAA)

Il campo magnetico della Terra, o magnetosfera, è generata dal suo nucleo, parzialmente liquido, costituito principalmente da ferro i cui moti convettivi sviluppano un effetto elettromagnetico. Il nostro pianeta è, in sostanza, un gigantesco magnete del quale le fasce di Van Allen tracciano il campo da esso generato fuori dal globo terrestre il cui baricentro non corrisponde al centro geometrico della Terra discostandosi di circa 300 km.

Come risultato dell'interazione delle particelle cariche con la parte alta dell'atmosfera (termosfera), avviene l'emissione di luce vicino ai poli generando lo spettacolare fenomeno dell'aurora boreale e australe. In taluni casi, quando la dispersione della massa coronale accade in direzione del nostro pianeta, si producono grandiosi incrementi delle aurore che divengono visibili anche a basse latitudini. Ma più rilevanti possono essere gli effetti sui sistemi elettrici ed elettronici: si possono avere dei black out, anche di vasta portata, con interruzione delle comunicazioni e arresto del funzionamento di apparati di ogni sorta. Un brillamento solare proietta nello spazio una quantità considerevole di energia e, nel caso di un'eccezionale potenza, esso produce un "evento Carrington" dal nome dell'astronomo inglese che lo descrisse nel 1859. A quei tempi l'umanità disponeva solo di poche strutture elettriche e nessuna elettronica: bruciò solamente qualche cavo telegrafico. Diversamente, qualora un evento Carrington avvenisse oggi, le conseguenze per la nostra società cospicuamente tecnologica sarebbero catastrofiche. In particolare, brucerebbero i trasformatori elettrici i quali, non potendo essere riparati immediatamente, dovrebbero essere sostituiti in massa causando l'arresto della produzione industriale per mesi.

Il grande pubblico è allo scuro del fatto che esiste una "falla" nella magnetosfera, una gigantesca anormalità magnetica chiamata *Anomalia dell'Atlantico del Sud* (*South Atlantic Anomaly* o *SAA*). Le fonti storiche riferiscono che la SAA fu rinvenuta per la prima volta nel 1958 a pochi mesi dalla scoperta delle fasce di Van Allen stesse e subito dopo lo svolgimento di una misteriosa missione navale denominata "Operazione Argus". In quell'anno gli Stati Uniti portarono a termine l'unica esperienza atomica clandestina durante il periodo in cui furono consentite le esplosioni nucleari atmosferiche. Sicché, il 7 ottobre 1963 John Kennedy firmava il

Lo X-17 era un razzo a propellente solido dotato di un motore Thiokol XM20 Sergeant al 1° stadio. Si componeva di tre stadi, 3 motori Thiokol XM19 Recruit al 2° e un Thiokol XM19E1 Recruit al terzo. Terminata la combustione, raggiungeva una velocità dichiarata compresa tra i Mach 11 e i Mach 14. Lunghezza 12,3 metri, apertura delle alette direttive 2,3 metri, peso di 5,4 tonnellate.

Figura 14

"Trattato per il bando degli esperimenti nucleari in atmosfera, nello spazio e in acqua", dopo che fu dimostrata la grande nocività del fall out radioattivo il quale, grazie ai venti e alle correnti marine, può ricadere su superfici enormi raggiungendo luoghi molto distanti dai siti sperimentali. Kennedy siglava il documento un mese e mezzo prima di essere assassinato a Dallas e a nemmeno vent'anni da quel 16 luglio 1945 quando gli americani compirono il primo esperimento nucleare in assoluto e il primo in atmosfera. Nonostante il bando delle esplosioni atomiche atmosferiche, alcuni stati proseguirono gli esperimenti di questo tipo e sembra che la Cina ne abbia compiuti fino agli anni '80 dello scorso secolo.

L'operazione Argus fu concepita sotto l'egida dell'Agenzia di Difesa Nucleare degli USA per mezzo della Task Force 88 composta da nove unità navali per un totale di 4.500 marinai coinvolti. Le navi salparono separatamente, all'insaputa l'una delle altre, riunendosi una volta giunte nella zona delle operazioni nell'oceano Atlantico a 1700 km sudovest di Città del Capo in Sudafrica. La motivazione di tanta segretezza fu determinata da una teoria sviluppata da un brillante, sebbene eccentrico, fisico di origine greca di nome Nicholas Christofilos del Livermore Radiation Laboratory (LRL).

Egli aveva prospettato un vantaggio militare nell'iniettare cariche elettriche nella ionosfera, prodotte mediante un'esplosione atomica. In teoria, creando una nuova cintura magnetica, si pensava che essa avrebbe potuto avere un'utilità sul teatro di una battaglia spaziale interrompendo le telecomunicazioni e accecando i radar attraverso la generazione di un "rumore bianco" elettromagnetico a larga banda. La

Figura 15: William Pickering (1910 - 2004), direttore del Jet Propulsion Laboratory della NASA, al centro James Van Allen (1914 - 2006), a destra il barone Wernher Von Braun (1912 - 1977) innalzano un modellino del Explorer 1, il primo satellite americano lanciato con successo nello spazio il 31 gennaio 1958 che permise la scoperta definitiva delle cinture magnetiche attorno alla Terra note oggi come "fasce di Van Allen".

sequenza delle esplosioni intendeva vagliare la possibilità di realizzare uno schermo impenetrabile per le comunicazioni del nemico. Pare anche che Christofilos avesse intuito l'esistenza di fasce magnetiche naturali mesi prima di Van Allen ma, data la delicatezza strategica delle sue ricerche in piena "guerra fredda", non gli venne attribuita la paternità della scoperta. L'Atlantico meridionale fu prescelto perché lì è dove il campo magnetico si avvicina alla Terra a causa della asimmetria rispetto ai poli geografici, tenendo conto della modesta altitudine raggiungibile dai missili balistici dell'epoca.

I tre lanci furono eseguiti dalla nave appoggio USS Norton Sound impiegando razzi a tre stadi tipo Lockheed X-17A modificati, armati con testate nucleari al plutonio tipo W-25. Gli ordigni furono fatti detonare a 528 mila piedi (161 km), a 961 mila piedi (293 km) e a 2 milioni 460 mila piedi (750 km) di altitudine rispettivamente il 27 e 30 agosto e 6 settembre 1958. Come previsto, fu ottenuta una fascia di Van Allen artificiale che, secondo le informazioni ufficiali, persistette per diverse settimane interferendo con le trasmissioni radio e il funzionamento dei radar.

Lo scrittore statunitense Ralph Renè sosteneva invece che non furono tre identiche testate a fissione da 1,7 kiloton W-25, bensì nel terzo tentativo fu lanciata una testata termonucleare, enormemente più potente (forse tipo W-39), la quale avrebbe addirittura prodotto un "vulnus", una "fenditura" nel campo magnetico della Terra. Gli odierni satelliti e la Stazione Spaziale Internazionale (ISS), transitano nell'anomalia dell'Atlantico del Sud più volte quotidianamente siccome questa si abbassa fino a 200 km sul livello del mare. Ai tempi gli esperti ipotizzarono che la falla si sarebbe richiusa in breve tempo. In realtà, alcuni ritengono che persista tuttora e costituisca proprio l'"anomalia".

La storia della missione Argus con le sue sperimentazioni atomiche fu svelata il 19 marzo 1959 sul New York Times, tuttavia, molti dettagli rimasero riservati fino all'aprile del 1982. Recentemente due sonde gemelle della NASA, siglate RBSP (Radiation Belt Storm Probes), hanno individuato fasce di Van

Allen temporanee, spazzate via di tanto in tanto dal vento solare come dune di sabbia nel deserto. Giova ricordare che, tra il 1969 e il 1972, ben otto missioni lunari del programma Apollo attraversarono interamente le fasce di Van Allen all'andata e al ritorno dalla Luna senza apparente conseguenza per i 24 uomini a bordo. Secondo l'ente spaziale americano, le due sonde spedite ora a esplorare le "fasce" devono anche suggerire come proteggere meglio gli equipaggi durante le missioni oltre l'orbita bassa, infatti, un'esposizione prolungata alle radiazioni può provocare il cancro. A giudizio di Ralph Renè, quelle emissioni sono letali e occorrerebbe circondare le navicelle con 2 metri d'acqua o un'equivalente massa di piombo per proteggere adeguatamente gli astronauti nelle zone dello spazio a maggiore intensità radioattiva.

Una domanda a questo punto sorge spontanea: l'anomalia dell'Atlantico meridionale è davvero naturale, come attestato ufficialmente, o si tratta di un "buco" artificiale, frutto dalla follia umana nel solito, testardo, vanaglorioso tentativo di sostituirsi a Dio?

Non si può escludere a priori che il risultato di tali esperimenti non fu solamente la creazione di una fascia magnetica artificiale ad alta energia ma fu di aprire un varco permanente nella magnetosfera attraverso il quale le dannose particelle del vento solare s'infiltrano nella biosfera. L'Anomalia dell'Atlantico meridionale fu scoperta immediatamente dopo la conclusione dell'operazione Argus e si trova nel luogo preciso in cui avvennero quegli scellerati test nucleari in alta quota. Il fatto poi che i poli magnetici si discostino dai poli geografici non è sufficiente a giustificare una così grande irregolarità magnetica. Il governo degli Stati Uniti ha lasciato cadere nell'oblio l'enigmatica operazione navale e il suo possibile legame con l'anomalia, sebbene la posizione geografica e la concomitanza cronologica pongano parecchi quesiti. La comunità scientifica internazionale dovrebbe sollevare la questione dell'origine della SAA affinché ogni sospetto sia fugato, ogni angoscia tranquillizzata e nessun dubbio rimanga incolmato.

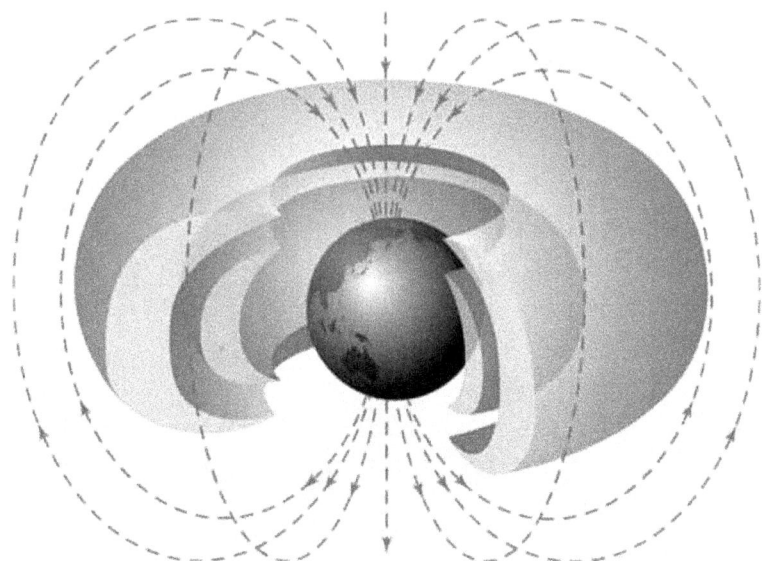

*Figura 16: le "fasce di Van Allen". "Le nostre misurazioni mostrano che
il massimo livello di radiazioni, nel 1958, equivale da circa 10 a 100
roentgen per ora, in dipendenza nella proporzione, non ancora
determinata, fra protoni ed elettroni. Dato che l'esposizione
continuativa di un essere umano per due giorni a soli 10 roentgen
fornirebbe solo una possibilità imprevedibile di sopravvivenza, le
cinture radioattive rappresentano un ostacolo evidente al volo spaziale.
A meno che non sia trovato un qualche modo praticabile di schermare i
viaggiatori spaziali contro gli effetti della radiazione, i razzi spaziali
con equipaggio possono al meglio decollare attraverso la zona libera
da radiazioni sopra i poli." (James van Allen)*

LA BEFFA DELLA LUNA

REDUCTIO AD ABSURDUM

Nel florilegio di teorie "complottiste" circolanti, occupa un posto di rilievo quella secondo la quale gli atterraggi sulla Luna furono una beffa. Sicché la NASA, l'ente spaziale statunitense, afferma di avere effettuato con successo 6 missioni verso il satellite naturale terrestre nell'arco di tre anni, dal luglio 1969 al dicembre 1972.

Di tanto in tanto, a seguito di qualche anniversario "spaziale" o programma televisivo di misteri, divampa il dibattito sulle "prove" degli avvenuti sbarchi. Si discute di ombre convergenti, bandiera che sventola nel vuoto, mancanza di stelle nelle immagini e via elencando.

Qui vorrei brevemente, invece, tentare un approccio 'per assurdo' inteso come tentativo di dimostrare per via indiretta che uno sbarco sulla Luna fu scientificamente e tecnologicamente insostenibile.

Prendo la definizione direttamente da Wikipedia in italiano, per molti sempre più il Valalla, il paradiso degli eroi, delle verità inconfutabili:

"La dimostrazione per assurdo (per cui si usa anche la locuzione latina "reductio ad absurdum"), nota anche come "ragionamento per assurdo", è un tipo di argomentazione logica in cui si assume temporaneamente una ipotesi, si giunge ad una conclusione assurda, e quindi si dimostra che l'assunto originale deve essere errato."

Importante sottolineare che la questione non è se veicoli spaziali si sono diretti verso la Luna o l'autenticità di alcune fotografie ma la fattibilità che una dozzina di persone abbia veramente passeggiato su un corpo celeste diverso dal nostro:

- La tecnologia negli anni '60 era davvero antidiluviana: i microprocessori inesistenti, i calcoli eseguiti con il regolo calcolatore. I transistori avevano appena cominciato a sostituire le valvole termoioniche a vuoto. Le operazioni al tornio erano effettuate a mano per cui era difficilissimo tagliare forme curve di metallo.

- Il LEM[1], questo strano aggeggio studiato per allunare, non si sa chi l'abbia progettato né costruito, non si conoscono i disegni originari che dovrebbero essere, viceversa, insegnati in ogni facoltà d'ingegneria in quanto capolavoro della tecnologia moderna. Il Modulo Lunare fu impiegato in pratica senza essere mai stato provato. Nell'unica prova in volo effettuata sulla Terra il congegno fallì miseramente che quasi Neil Armstrong ci si ammazzava.

- La NASA era certa che le navicelle spaziali funzionassero senza averle provate, invece dubitava che gli astronauti fossero in grado di scendere la scaletta del Lem. Perciò, come documentano immagini dell'epoca, essi facevano abbondante pratica in discesa di scale a pioli.

- Se con una tecnologia letteralmente antidiluviana di oltre 50 anni fa fecero sbarcare ben 12 uomini sulla Luna e ritornare indietro sani e salvi, ora gli scienziati non riescono che a mandare sonde solo in orbita lunare a scattare foto in bianco e nero (LRO).

- Al tempo delle missioni, furono irradiate trasmissioni televisive a colori in diretta dalla superficie lunare (la prova è che la telecamerina che inquadrava gli astronauti era comandata da terra in tempo reale). Il satellite naturale ci mostra sempre la medesima faccia per cui il nostro pianeta è sostanzialmente fermo nel buio cielo lunare. Se una telecamera analogica a colori trasmetteva da lassù portataci da uomini all'inizio degli anni '70, oggi un'impresa assai minore, mandare una microcamera digitale robotizzata, non viene nemmeno presa in considerazione.

- Identico discorso vale per le immagini delle stelle. Vista l'ottima qualità delle riprese dalla superficie lunare, perché non nascondersi dietro una roccia, evitando il bagliore solare, e scattarne meravigliose di stelle e pianeti in

---

1   Acronimo di Lunar Excursion Module (Modulo di Escursione Lunare) o semplicemente LM, Lunar Module (Modulo Lunare) Figura 111.

assenza di atmosfera, 20 anni prima della messa in orbita del telescopio spaziale Hubble?

- Quando qualcuno va in gita a Pisa, ritengo difficile non scatti una foto della celeberrima torre pendente. In particolare, se questa distasse quasi 400 mila chilometri da casa. Ora, del più incommensurabilmente splendido oggetto nel cielo, il pianeta Terra, non vi è traccia nelle fotografie lunari. Solo un paio di immaginette riprese dall'Apollo 17 che appaiono per niente credibili. In nessuna delle 5 missioni precedenti, a fronte di migliaia di scatti, nessuno si era ricordato di prendere una foto del nostro pianeta dalla superficie selenica

- Il mondo del cinema hollywoodiano non ha mai celebrato quello che apparve il trionfo della scienza e tecnologia capitalista sul modello sovietico. Se ci pensiamo, la cosa suona piuttosto bizzarra visto che di film western, di guerra, di spionaggio celebranti ogni epopea americana ne sono stati prodotti a bizzeffe nei decenni. Veramente curioso poi che l'unico 'kolossal' prodotto sia stato Apollo

Figura 17: il computer di bordo dedicato alla guida dell'Apollo 11 aveva una velocità di 1,024 MHz, il che corrisponde a circa un sesto della prestazione di una calcolatrice TI-83. Codesta viene impiegata dagli studenti principalmente per giocare a Tetris, la prima condusse l'uomo sulla Luna.

13 che narra dell'unica missione lunare che si concluse con un fallimento.

- Inoltre, nel paese dove esistono infiniti musei finanche dei cavaturaccioli e dei crani deformi, in cui persino Monica Lewinsky aveva feticisticamente conservato le mutandine macchiate di liquido seminale presidenziale, la NASA ha smarrito i filmati originali dello sbarco sulla Luna. Privandoci "accidentalmente" della documentazione originale riguardante la più importante spedizione umana di tutti i tempi.

- Non si torna più sulla Luna. Dopo anni di ritardi e rinvii, c'è ancora incertezza sulla missione Artemis I. Il grande razzo, studiato per il ritorno sulla Luna, doveva partire per lo spazio nel dicembre 2021, poi rinviato il lancio alla primavera '22. Le ultime notizie parlano di un nuovo posticipo del decollo all'estate del 2022 a 53 anni dai successi dell'Apollo.

Gli elementi sopra elencati sono solo alcuni dei paradossi logici che cozzano contro il buon senso di ognuno. Proprio contro quel "rigore scientifico" che nientemeno viene invocato per suffragare la realtà degli allunaggi, l'evidenza contraddice l'affermazione che esseri umani abbiano mai calcato il suolo lunare. Oltre la retorica storiografia ufficiale sempre più affondata nella sua menzogna nella quale affogherà alla fine.

Figura 18: un fotogramma, sopra, tratto dal film Apollo 13 (1995). Stranamente l'unico film realizzato da Hollywood sulle missioni Apollo che peraltro racconta di uno sbarco fallito. La scenografia lunare è realistica, se comparata con le foto mostrate dalla NASA.

Figura 19: 20 luglio 1969. Richard Nixon telefona dalla sala ovale agli astronauti giunti sulla Luna nella "più importante chiamata telefonica della Storia mai effettuata dalla Casa Bianca".

Figura 20

Sopra: Neil Armstrong (1930 - 2012) mentre prova il Lunar Landing Research Vehicle (LLRV), prototipo terrestre del Lem, il 6 maggio 1968 presso il NASA Dryden Flight Research Center nella base aerea di Edwards in California. Sotto: avendo perso il controllo del velivolo, che si schianta in fiamme, Armstrong si lancia col paracadute verso la salvezza da bassissima quota.

Figura 21: Armstrong scampa alla morte grazie al paracadute.

SATURN V

Height 363'
Payload Mass Greater than 40 tons
Thrust 7.5M lbs
Engines 10 (5, 4, 1)
Stages 3
Fuel Type Kerosene LH2 / LOx

SLS BLOCK 1B

Height
Payload Mass Greater than 40 tons
Thrust 8.8M lbs
Engines 10 (2, 3, 4)
Stages 3 + 2 SRBs
Fuel Type Solid fuel LH2 / LOx

*Figura 22: Artemis è una missione spaziale in corso gestita dalla
NASA con l'obiettivo di far allunare la prima astronauta donna e il
prossimo astronauta maschio presso il polo Sud entro il 2024. È la
prima missione lunare con equipaggio dell'agenzia spaziale
statunitense dall'Apollo 17 nel 1972. Fa parte del programma SLS
(Sistema di Lancio Spaziale) ed è più grande del già gigantesco
Saturno V del programma Apollo. Il nuovo razzo è alto 111 metri (30
cm più del Saturno V) e pesa fino oltre 100 tonnellate, in dipendenza
delle varie configurazioni.
A qualcuno è balenato in testa il sospetto che i continui intoppi al
varo della missione dipendano dalla stazza ossia dalla visibilità del
veicolo in lontananza. Infatti, con l'ausilio di potenti obbiettivi,
persone del pubblico potrebbero accorgersi che il missile percorre
una traiettoria curva tornando verso terra anziché fiondarsi nello
spazio per entrare in orbita.
La macchinina lunare pensata per le missioni Artemis si chiama
VIPER ("vipera") ed è l'acronimo di Volatiles Investigating Polar
Exploration Rover (veicolo di esplorazione e investigazione lunare
dei volatili). Indagherà la possibilità di utilizzare le risorse
minerarie del polo Sud lunare.
Ancora da spiegare il vezzo di creare acronimi che abbiano un
significato, qui rettiliano. Una forma di "controllo mentale"?*

Figura 23: tutti gli apparecchi mostrati in questa inserzione pubblicitaria del 1991, oggi sono disponibili in un unico dispositivo chiamato smartphone.

CPU Transistor Counts 1971-2008 & Moore's Law

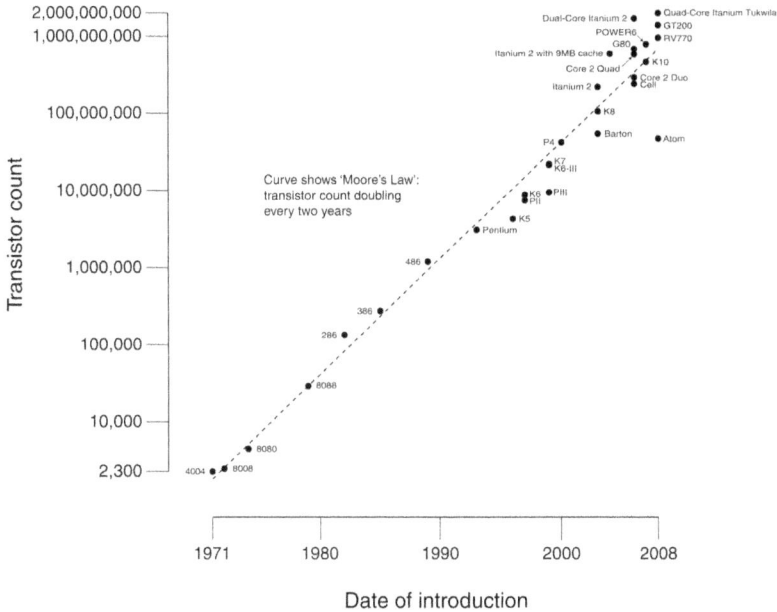

2,000,000,000
1,000,000,000

100,000,000

Transistor count

10,000,000

Curve shows 'Moore's Law':
transistor count doubling
every two years

1,000,000

100,000

10,000

2,300

Dual-Core Itanium 2 ●   ● Quad-Core Itanium Tukwila
● GT200
POWER6 ●   ● RV770
G80 ●
Itanium 2 with 9MB cache ●   ● K10
Core 2 Quad   ● Core 2 Duo
Itanium 2 ●   ● Cell

● K8

P4 ●   ● Barton   ● Atom
K7 ●
K6-III ●
K6 ● ● PIII
PII ●
● K5
● Pentium

486 ●

386 ●
286 ●
8088 ●

8080 ●
4004 ● ● 8008

1971   1980   1990   2000   2008

Date of introduction

Figura 24: Gordon Moore, cofondatore della Intel, profetizzò che il numero di transistori in un computer sarebbe raddoppiato ogni circa due anni. La "legge di Moore", formulata nel 1965, si è mantenuta valida per mezzo secolo, dimostrando l'eccezionale sviluppo dell'informatica. Tuttavia, il ritorno sulla Luna sembra un'impresa troppo ambiziosa per essere portata e termine a dispetto dello strepitoso progresso tecnologico.

LA LUNA È NOSTRA
LE STORIE E I DRAMMI
DI UOMINI CORAGGIOSI

RIZZOLI EDITORE

Figura 25

Personalmente, sono in possesso di un libro edito in Italia del 1969, edizione Rizzoli, intitolato "La Luna è nostra" tra i cui autori figurano Enzo Biagi e Guido Gerosa. Mi sono preso la briga di andare a sfogliare questo libro di 127 pagine stampato in un grande formato (32 cm x 24 cm) il quale contiene oltre 110 fotografie alcune a tutta pagina perfino troppo grandi per il loro valore estetico e significato informativo. Di tutte, solo una decina riguardano le capsule intorno alla Luna e il paesaggio lunare con gli astronauti. Le altre si soffermano sulle famiglie degli astronauti, i loro bambini, il centro di controllo, le attrezzature fotografate a terra, uomini politici dell'epoca. A distanza di decenni, suscita un certo stupore il fatto che un libro includente grandi immagini illustrate, in sostanza, ne riporti un numero sparuto provenienti dalla Luna.

Testimonianza di un'insufficienza di prove visive: dove sono le fotografie a colori di galassie e nebulose?

LUNA & NASA: LE OMBRE SULLO SFONDO

Tra le prove che l'uomo sarebbe andato sulla Luna ci sono naturalmente le innumerevoli fotografie e filmati riportati sulla Terra. Migliaia d'immagini fisse e in movimento, a colori e in bianco e nero, riuscite o no, tanto che forse neanche la NASA sa quante siano con precisione.

Queste pellicole testimoniano la più grande impresa di sempre della specie umana: la conquista di un altro corpo celeste con ben sei differenti spedizioni. Nelle immagini si ammirano i valorosi astronauti muoversi balzellando, compiere esperimenti raccogliendo campioni di roccia, muoversi a bordo del lunar rover, la macchinina lunare. Con l'immancabile presenza della bandiera a stelle e strisce, del Lem (modulo di escursione lunare, Figura 111), della strumentazione scientifica nonché delle ubiquitarie impronte lasciate dagli astronauti sul brullo e aspro suolo selenico.

Sembra tutto molto bello, pensate voi.

Mica tanto.

Sin dagli albori degli sbarchi lunari, in diverse parti del mondo, furono sollevati dubbi sull'autenticità delle prove visive. Come ad esempio nella foto etichettata AS11-40-5928 che ritrae di spalle Buzz Aldrin, secondo uomo a camminare sulla Luna, accanto al Lem durante la prima storica missione datata 20-21 luglio 1969.

La fotografia, se osservata con attenzione, manifesta parecchie stranezze. Il fatto che, per esempio, il terreno sotto il Lem e la zona immediatamente circostante non mostrino alcun segno del poderoso getto emesso dai motori in fase di allunaggio che avrebbe dovuto squassare la superficie come soffiare con un enorme compressore su una spiaggia di sabbia fine. Secondo studi preliminari effettuati dalla NASA, il motore a razzo avrebbe potuto scavare un cratere di sotto al Lem col rischio che questo ne rimanesse intrappolato. Il modulo di allunaggio invece da l'impressione di essere stato delicatamente deposto al suolo agganciato a una gru. Eppure che il terreno in quel punto

Figura 26: immagine AS11-40-5928. L'ombra dell'astronauta che scatta la fotografia è divergente rispetto a quella del modulo lunare, che raggiunge l'orizzonte come si trovasse pochi metri dietro il Lem, e rispetto a quella dell'altro astronauta.

fosse soffice e incoerente è dimostrato dal fatto che gli esploratori lunari lasciarono evidenti impronte al passaggio nonostante il loro peso, pur incrementato dall'ingombrante tuta spaziale, fosse un sesto di quello rilevato sulla Terra a causa della minore gravità.

E che dire delle stelle?

Qui sulla Terra in alta montagna, dove l'aria è rarefatta, le stelle sono molto più brillanti che viste dal livello del mare distinguendone i colori. Com'è allora spiegabile che dalla Luna, in totale assenza di atmosfera, nelle immagini non appaiano gli astri?

Perché gli astronauti scattarono foto nitidissime dai toni cangianti senza però che in nessuna di esse rimanessero impressi pianeti e galassie? Nemmeno fecero tentativi per riprendere il cielo magari appostandosi con la macchina fotografica dietro una formazione rocciosa, al riparo dal forte bagliore solare.

Una fotografia, che inserisco a titolo esemplificativo, mostra la famosa cometa Hale-Bopp indicando inconfutabilmente che anche dalla Terra, a dispetto di decine di km di atmosfera sopra le nostre teste, si possono ottenere immagini astronomiche anche includenti zone molto illuminate.

Ma l'anomalia più interessante di certe immagini delle missioni Apollo riguarda senz'altro l'ombra degli oggetti, in particolare del modulo lunare. Nella foto con Aldrin alcune pietruzze sembrano proiettare la loro ombra in direzione nettamente diversa da quella del Lem pur trovandosi vicinissime a esso.

Se osservate il particolare della fotografia nella medesima sequenza AS11-40-5927, notate chiaramente che l'ombra del modulo arriva a sfiorare l'orizzonte, anzi una propaggine (un'antenna?) sembra toccarlo. Tuttavia, l'ombra medesima inizia ben sotto il lem, dunque il sole è "alto". Significa, quindi, che l'"orizzonte" è lì dietro a pochi metri come se l'allunaggio fosse avvenuto su uno strapiombo. Sembra che le rocce più distanti poggino sul ciglio di un precipizio o contro uno sfondo nero. La NASA non ha mai dichiarato che alcuna missione avesse allunato vicino a un dirupo o sul pendio di una montagna.

Allora da dove proviene la chiara sensazione prospettica che l'orizzonte sia "limitato"? Forse lo scenario è una zona circoscritta, come uno studio cinematografico, anziché un vasto deserto lunare? La prospettiva è un fenomeno puramente ottico

Figura 27: particolare dell'immagine AS11-40-5927 ruotato di 90°.

Figura 28: particolare di AS14-66-09277 ruotato di 90°. Il terreno circostante i pattini di atterraggio del Lem e sotto l'ugello del propulsore è assolutamente immacolato e non mostra alcun effetto del potente getto del motore in fase di allunaggio.
Eppure, il terreno in loco appare particolarmente soffice come si denota dalle onnipresenti orme degli astronauti.

pertanto indipendente dalla presenza o dall'assenza di un'atmosfera. La mancanza di profondità si nota molto anche nel particolare dell'immagine classificata AS11-40-5855 in cui i massi che si trovano all'orizzonte non sembrano per nulla molto più distanti né grossi di quelli che stanno nelle vicinanze del fotografo. Pure nella fotografia AS11-40-5931 si ha la medesima impressione, ossia che alcune pietre siano allineate contro un fondale che funge da cielo. A proposito, in questa foto s'intravedono alcuni puntini luminosi nel buio. Come mai, basandosi sulla distanza angolare, luminosità comparata, conoscendo data e posizione del sole, la NASA non ha reso noto di che astri si tratta? Forse perché, come sostengo io, si tratta in realtà di pulviscolo finito accidentalmente nell'emulsione fotosensibile, oppure sono artefatti introdotti per simulare la presenza di qualche stellina.

Esistono immagini in cui l'intero modulo lunare non sembra fotografato "all'"orizzonte bensì "sull'"orizzonte. Al modo del particolare della AS12-48-7091 in cui l'ombra del Lem tocca letteralmente lo sfondo nonostante essa sia orientata ben lateralmente. Ancora una volta il sole non appare essere talmente "basso" da produrre ombre chilometriche dato che l'intera area buia non è molto più lunga dell'altezza del Lem.

Dal punto di vista geometrico quindi, come giustificare che l'ombra del Lem raggiunga l'orizzonte?

La teoria postula che la scenografia sia stata costruita in un grande studio fotografico a tutto tondo (per ridurre al minimo problemi con i riflessi sulle visiere dei caschi). Una zona presumibilmente più grande di un campo da calcio (un grande hangar?) provvista di quinte teatrali dipinte di nero come mostrato nel disegno schematico. Il pavimento fu cosparso di rocce e sabbia, probabilmente di origine vulcanica, che fa tanto esotico ed extraterrestre, e un "orizzonte", camuffato bene o male con sassi di varia foggia disposti qui e la, costituente la demarcazione tra il pavimento dello studio e il nerissimo "cielo" verticale. Per la NASA non sarebbe stata impresa facile riprodurre fedelmente la volta celeste. Meno ancora credibilmente, anche per astronomi dilettanti, perciò fu scelto il "black out astrale" adducendo come pretesto che le macchine fotografiche e le pellicole impiegate non erano predisposte per catturare la tenue luce stellare.

Elucubrazioni mentali da "cospirazionisti", reputate ancora voi.

Può darsi, ma la sapete una cosa buffa?

Nelle missioni Apollo ritroviamo fotografie con una prospettiva che produce un realistico senso di profondità e in cui non appare il fenomeno delle "rocce sullo sfondo" come ad esempio nel fotogramma   AS11-40-5888. Curiosamente, in queste immagini prospetticamente "plausibili", non compaiono astronauti oppure costoro appaiono in fotografie con montagne e colline lunari che danno sovente la sensazione di essere frutto di un fotomontaggio.

Ogni lettore è libero, a questo punto, di trarre la propria conclusione.

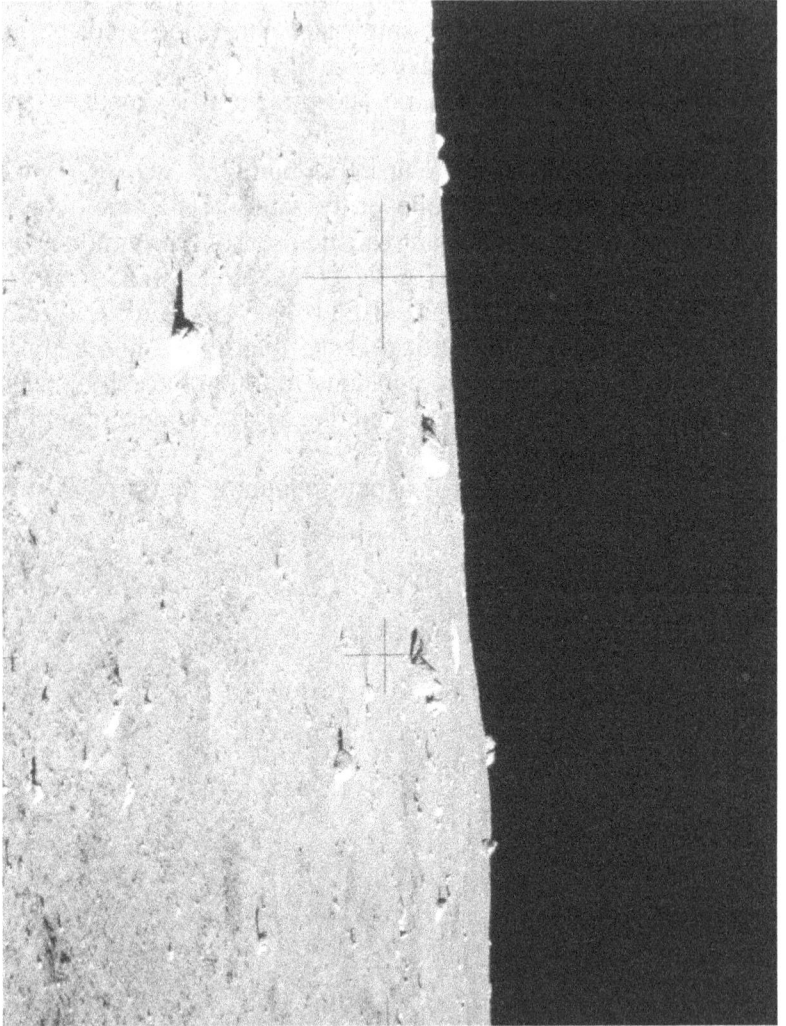

Figura 29: particolare dell'immagine AS11-40-5855 ruotato di 90°.

Figura 30: particolare di AS11-40-5931 ruotato di 90°.

Figura 31: particolare di AS12-48-7091 ruotato di 90°.

Figura 32: immagine AS11-40-5888. La sensazione di profondità appare più "naturale" di altre fotografie lunari che includono astronauti.

Figura 33: Len DiPinto (nella foto, che ringrazio per la concessione) realizzò questa immagine esattamente come la vedete nel 1997 impiegando un singolo fotogramma da 35 mm, con il flash ed esposizione di circa 10 secondi. Si notano bene le stelle, con la cometa Hale-Bopp, a dispetto che il soggetto in primo piano sia ben illuminato.

LE FOTOGRAFIE COMPROVANO IL PROGRAMMA SPAZIALE O È IL CONTRARIO?

Introduzione di Albino Galuppini

La figura dello scrittore americano Ralph Renè è poco conosciuta in Italia probabilmente perché la sua opera non è mai stata tradotta nella nostra lingua; il suo libro più famoso è NASA *Mooned America!*. Il testo, del 1992, può essere considerato a buon diritto uno dei cardini letterari con cui viene smentito lo sbarco sulla Luna. Questo risulta, stando al lavoro di Renè, impossibile a effettuarsi, in particolare a causa delle radiazioni provenienti dalle fasce di Van Allen.

Renè, grazie ai propri studi, era divenuto uno dei maggiori esperti non canonici delle radiazioni nello spazio. Lo stesso Bill Kaysing, antesignano della teoria sulla simulazione dei voli lunari, ebbe a definire *NASA Mooned America!* "molto superiore", nel dimostrare che gli allunaggi furono una burla, rispetto al suo *Non siamo mai andati sulla Luna*.

Con sommo piacere, sebbene temperato da una punta di tristezza, introduco questo personaggio. Renè era nato nel 1933 al secolo Ralph Ernest Cascarelli, cognome di origine italiana che cambiò in Renè per via della difficoltà di pronuncia e trascrizione. Lavorò come carpentiere, tecnico di manutenzione e come vice sceriffo per la contea di Passaic, New Jersey. Scrisse opere sia di fantasia sia saggi tra cui *The last skeptic of science* (*L'ultimo incredulo della scienza*) e, avendo anche depositato un paio di brevetti per utensili da costruzione, fu membro del MENSA, un'associazione per persone con elevato QI.

Ralph aveva sofferto per decenni di dolori all'anca a causa di una malformazione congenita che gli procurava continuo dolore e lo costringeva a un'andatura zoppicante. L'8 dicembre 2008 rimase vittima di un incidente stradale, assieme alla sua compagna, il quale aveva acuito la sua sofferenza fino a sopraffarlo. Aveva estremo bisogno di un intervento chirurgico all'anca la cui copertura gli fu negata dall'assicurazione sanitaria a causa dell'età avanzata. Due giorni dopo il suo corpo fu ritrovato privo di vita per un colpo di pistola che egli si era inflitto.

L'opera svolta e i risultati scientifici raggiunti da Ralph Renè sono stati oggetto della seconda sessione del *Convegno internazionale sulla singolarità lunare*, tenutosi il 14 luglio 2012 a Calvisano (BS). Il giovane cineasta australiano Jarrah White ha intrattenuto la platea basandosi sulle scoperte dello scrittore; White può essere ormai considerato l'erede naturale di Renè continuandone il lavoro e le ricerche. Una lunga intervista allo straordinario autore americano è pubblicata nel mio libro *LUNA & NASA: il sogno proibito*.

L'articolo di seguito riguarda una curiosa scoperta fatta dallo scrittore e riportata all'inizio di *NASA mooned America!*. Si tratta di due fotografie contenute nel libro *Carrying the fire*, pubblicato nel '74, scritto dall'astronauta Michael Collins dell'Apollo 11. L'articolo mette in risalto sorprendenti anomalie visuali. Buona lettura!

Figura 34: lo scrittore statunitense Ralph Renè col libro di Collins.

Le fotografie comprovano il programma spaziale o è il contrario?

Di Ralph René[2]

La NASA ci dice che 25 anni fa, il 20 luglio 1969 per la precisione, gli astronauti Buzz Aldrin e Neil Armstrong furono i primi uomini a sbarcare sulla Luna. Nel frattempo, Michael Collins fu lasciato a raffreddare i motori volteggiando nell'orbita lunare, all'interno della capsula di comando dell'Apollo 11, in attesa del loro ritorno. In quel momento io ci credevo e la mia fiducia era pari a quella di quasi la metà della popolazione mondiale.

All'inizio l'altra metà del mondo era molto scettica. Tuttavia lo scetticismo per lo più scemò quando la NASA produsse fotografie a centinaia e rocce lunari a libbre. Qui negli Stati Uniti, lo scetticismo venne spazzato via in nome del patriottismo. Dopotutto, gli astronauti erano tutti uomini dalla "stoffa giusta" e non ci avrebbero mai mentito, giusto?

Le sole nazioni sospettose sembrano essere state l'Olanda e la Svezia, che sono rimaste roccaforti dell'incredulità anche dopo che gli astronauti cominciarono a scrivere libri riguardo alle proprie avventure. Nel 1974, Mike Collins descrisse nel dettaglio le proprie avventure con la NASA in un libro intitolato *Carrying the Fire* (*Portando il Fuoco*). La sezione centrale del libro presenta nove pagine di fotografie della NASA, che comprendono tre di questo eroe cosmico nella sua tuta spaziale. Una era una foto di gruppo, in posa con altri astronauti. Un altra è stata fatta mentre galleggiava nell'aereo "a gravità zero", mentre questo compiva la parabola onde annullare in tal modo la gravità.

---

2 Pubblicato sul giornale settimanale The Spotlight del 24 ottobre 1994. Traduzione italiana a cura di Alberto Bertelli.

La terza e ultima si supponeva fosse stata presa durante la sua passeggiata spaziale della missione Gemini 10 nel mese di luglio 1966.

Dopo aver atteso oltre 18 mesi che la NASA (fosse in grado o meno) mi mandasse delle copie di queste immagini, mi sono permesso di prenderle dal suo libro. La Figura 35 occupa due pagine e la linea di rilegatura del libro passa sulle sue ginocchia.

È una ripresa di Collins, per opera di un fotografo della NASA, settimane, mesi o addirittura anni prima della sua passeggiata nello spazio. Le pareti dell'aereo erano state abbondantemente imbottite in modo che, quando il velivolo avesse completato la manovra parabolica e la gravità fosse stata ristabilita, chi si fosse trovato a essere ancora fluttuante in aria, potesse senza pericolo cadere sul pavimento o contro le pareti. Si noti che Collins tiene l'asta di propulsione nella mano destra.

La Figura 36 sarebbe stata scattata in seguito, durante la passeggiata nello spazio. Questa figura era più piccola, occupando meno di una singola pagina. Essa mostra Collins che passeggia nello spazio, diretto verso l'Agena per recuperare uno scudo sperimentale anti micrometeoriti. In quel momento l'asta di propulsione era nella sua mano sinistra.

Qualcosa in queste immagini mi disturbava. Mi sorse in mente un intenso dubbio. Perché un uomo dovrebbe fare addestramento utilizzando uno strumento con una mano per usare in seguito l'altra mano durante l'evento reale? Ho riesaminato da vicino entrambe le Figura 35 e Figura 36 fino a quando ho notato che era la somiglianza di base che mi disturbava. Anche l'espressione tesa sul suo volto era identica in entrambe le immagini.

Ho anche notato che le cinghie di nylon (apparentemente) penzolanti avevano la medesima posizione. A occhio nudo, l'angolo tra il tubo di propulsione e il tubo tenuto in verticale nell'altra mano era il medesimo in entrambe le fotografie.
Mi resi conto che sarebbe fenomenale che due immagini risultino così simili dopo essere trascorse settimane o mesi l'una dall'altra.

Figura 35: dal libro Carrying the Fire girata di 90°.

Decisi di far fare un'elaborazione fotografica in laboratorio onde ridurre la Figura 35 e ingrandire la Figura 36 sino a che fossero della stessa dimensione. La riduzione speculare della Figura 35 divenne la Figura 37. Inoltre, ingrandirono la Figura 36 finché le immagini di Collins fossero della stessa dimensione. Questa è etichettata come Figura 38, che io ho ruotato leggermente cosicché fossero verticalmente allineate.

Poi ho posto il negativo della Figura 37 sopra la Figura 38 o il negativo della Figura 38 sulla Figura 37: l'unica cosa diversa era lo sfondo. Le figure di Collins erano identiche, combaciavano punto per punto col riferimento del segno di divisione della pagina all'altezza delle ginocchia. Non c'è bisogno di essere uno scienziato spaziale per sapere che

Figura 36: dal libro Carrying the Fire di Michael Collins.

questo prova assolutamente che la Figura 36 è stata ricavata partendo dalla Figura 35.

Quando le persone normali come noi, uomini e donne che difettano della Stoffa Giusta, vanno alla ventura con una gita a Port Nerd, Oregon o Mugwump, Alabama o Feudal, New York per visitare amici o parenti, anche noi scattiamo fotografie delle nostre avventure.

Riportiamo forse vecchie immagini di altri viaggi e mentiamo ai nostri amici al riguardo? Simuliamo i nostri viaggi in uno studio e fingiamo riguardo a essi?

Ho sentito risuonare un "Nossignore"?

Quindi, ci resta una sola conclusione. La NASA e Mike Collins cospiravano per mentire all'America già nel luglio del 1966, e ciò tre anni prima che dichiarassero di aver raggiunto la Luna. Secondo l'opinione di un uomo, la NASA ci ha raccontato bugie per un sacco di soldi e ciò ci lascia con la domanda: perché hai mentito, Mike?

Figura 37: la Figura 35 rispecchiata.

Figura 38: Figura 36 leggermente ruotata è identica alla Figura 37, eccetto che per lo sfondo.

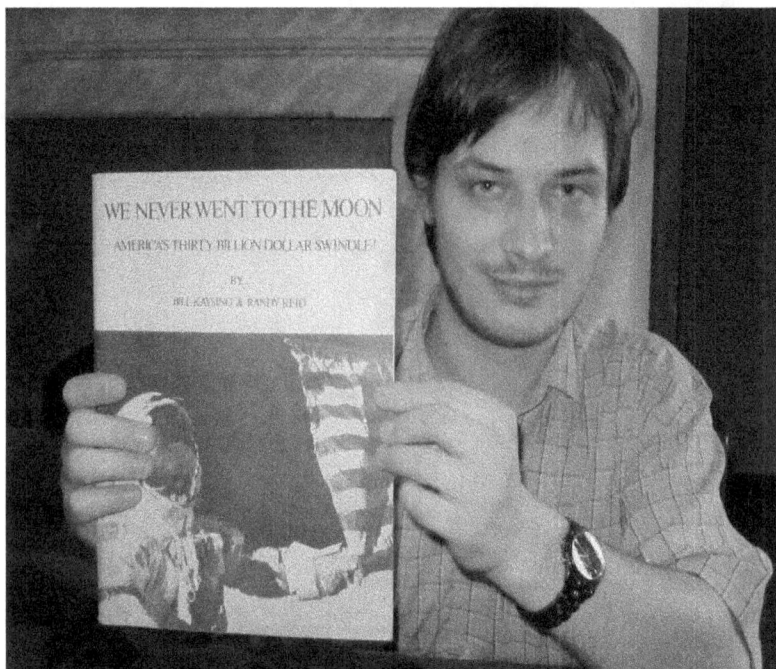

Figura 39: l'amico australiano Jarrah White, astro nascente del cospirazionismo lunare, mostra una rara copia della prima edizione di "Non siamo mai andati sulla Luna".
Jarrah ha ereditato i documenti e i libri di Renè del quale era divenuto buon amico dopo che io gli avevo chiesto di registrare un'intervista con Ralph (in Appendice), in mia vece, da utilizzare nella trasmissione web-radio "La Luna di Carta".

LUNA & NASA: LA MORTE SOSPETTA DI UN ASTRONAUTA

Si dice che dodici uomini abbiano camminato sulla Luna, tutti astronauti americani. Nel periodo in cui avvenne il fatto che narrerò, essi erano ancora vivi, arzilli vecchietti che passavano il tempo in lussuose residenze nella tranquillità di sobborghi immersi nel verde. Rilasciavano, di tanto in tanto, interviste sui bei vecchi tempi andati della corsa alla Luna.

Tranne uno. Jim Irwin dell'Apollo 15.

James Benson Irwin fu il pilota del Modulo Lunare per il quarto allunaggio (26 luglio – 7 agosto 1971), divenendo così l'ottavo essere umano a calcare il suolo selenico. Come buona parte degli astronauti, era un pilota collaudatore. Dotato di laurea e dottorato in ingegneria, fu uno dei 19 elementi selezionati dalla NASA nella tornata del 1966.

Oltre che per l'attività astronautica, Jim Irwin era noto come fervente cristiano. Dopo le sue dimissioni dalla NASA, dal 1973 aveva intrapreso diverse spedizioni sul monte Ararat in Turchia alla ricerca dell'arca di Noè, senza apparenti risultati.

Durante una di tali avventurose missioni, a quanto pare più rischiose che sbarcare sulla Luna, si ferì seriamente a una gamba e in altre parti del corpo, investito da una scarica di massi. Dovette essere trasportato a valle in ospedale a dorso di cavallo.

La biografia riporta che scomparve all'età di 61 anni a seguito di un improvviso e inatteso attacco cardiaco che lo colse nei pressi della sua abitazione di Colorado Springs l'8 agosto 1991, 20 anni dopo la sua storica missione sulla Luna.

Tuttavia Bill Kaysing, scrittore famoso per avere dato ufficialmente origine alla teoria della contraffazione dei voli lunari, ci ha raccontato una storia diversa. In un'intervista radiofonica concessa nel 1996, egli sostenne che Irwin fu eliminato perché aveva deciso di spifferare tutto sulla mistificazione ordita dalla NASA. Ecco le parole testuali di Kaysing[3]:

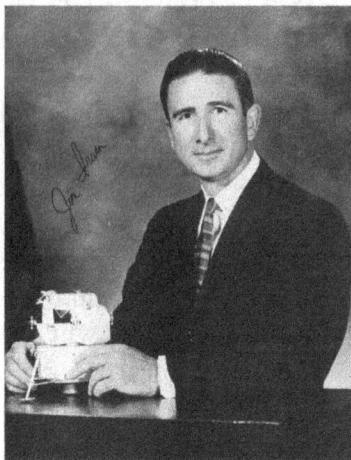

Figura 40: James B. Irwin.

Intervistatore: *Bill, qualcuno ha mai visto lo studio in cui questo [lo sbarco sulla Luna] fu falsificato? Perché è nell'area 51 cui lei ha accennato. Fanno allusione a ciò anche film come Agente 007 Una cascata di diamanti e Capricorn One?*

Kaysing: *Sì, è giusto. Essi alludono a uno studio cinematografico o a un set lunare nascosto. No, il motivo per cui nessuno lo ha visto e ne è uscito vivo è che loro non intendono che qualcuno lo veda e ne esca vivo. Lei deve rammentare che la NASA è una sorta di organizzazione letale. Jim Irwin, Apollo 15, era disposto a vuotare il sacco sull'intero progetto e lui mi chiamò, verosimilmente per raccontarmi i fatti. Pochi giorni dopo morì per un attacco di cuore. Ora, che cosa le suggerisce ciò?*

Personalmente, ascoltando la lunga intervista, non avevo prestato troppa attenzione a quelle parole finché, nell'ottobre 2009, un uomo di nome Charles Ellery mi contattò in quanto io sono autore di un sito web di tributo a Bill Kaysing[4]. Gli

---

3 Intervista a Bill Kaysing Nardwuar Radio Vancouver, Canada, (16 febbraio 1996).

4 www.billkaysing.com

chiesi subito un'intervista audio giacché mi disse di essere stato per molti anni conoscente di Bill.

Ci accordammo e, di li a un paio di giorni, effettuai la registrazione mentre lui si trovava nella sua abitazione, in effetti, un'imbarcazione ormeggiata nel porto californiano di San Diego.

Figura 41: Charles Ellery nel 2009.

Chuck (per gli amici) raccontò di avere lavorato dagli anni '70 agli anni '90 dello scorso secolo nell'industria aerospaziale per conto di varie aziende dopo essere stato arruolato in Marina come sommergibilista negli anni '60. Il suo impiego era di Responsabile Acquisti di componenti elettronici. Si spostava con frequenza, per motivi di lavoro, utilizzando un caravan. In California, agli inizi degli anni '70 aveva conosciuto Bill Kaysing, presso le sorgenti idrotermali di Santa Cruz, quando questi stava scrivendo il libro "Great Hot Springs of the West". Strinsero immediatamente amicizia poichè condividevano il medesimo stile di vita nomade.

Durante l'intervista, mi parlò anche della vicenda relativa alla scomparsa di Jim Irwin. A una precisa domanda – se Kaysing avesse mai disposto di qualche fonte particolare per le sue investigazioni sulle missioni Apollo - rispose che fu in contatto con un astronauta del Colorado (Irwin, appunto) che morì in circostanze misteriose pochi giorni dopo essersi reso disponibile a rilasciare dichiarazioni in merito. Ellery mi confidò che chi fu coinvolto nella cospirazione è tuttora ricompensato con un posto di lavoro assicurato e che gli astronauti, essendo militari, sono vincolati al segreto. Il loro silenzio viene ricambiato occupando posizioni di prestigio, posti dirigenziali in grandi compagnie, tramite remuneratissime interviste per giornali a larga tiratura e conferenze strapagate in giro per il mondo.

Come mi riferì Ellery, Bill Kaysing fu così afflitto dalla morte improvvisa di Irwin che decise di non provare più a mettersi in contatto con gli astronauti per farsi dire la verità, forse sentendosi un poco in colpa per la fine di questo membro della missione Apollo 15. Ellery asserì che Kaysing fu certo che la prematura morte di Irwin fosse dovuta alla sua volontà di raccontare tutta la verità. La cosa mi diede da pensare, tanto che il giorno seguente richiamai Ellery chiedendogli delucidazioni in merito all'episodio, registrando la breve conversazione. Ecco cosa mi disse in quel "fuori onda"[5]:

Galuppini: *Molto interessante la questione di Jim Irwin, l'astronauta che morì pochi giorni dopo avere avuto un contatto con Bill Kaysing per dichiarare la verità.*
Ellery: *Sì, fu un grande disappunto per Bill e per me.*
Galuppini: *Lei ha dichiarato che lei era nell'intervista, lei ha dichiarato che lei era sul posto durante la telefonata tra Bill Kaysing e Jim Irwin. È così?*
Ellery: *Esatto.*
Galuppini: *Lei udì la voce di Jim Irwin?*
Ellery: *No.*

---

5 Intervista a Charles Ellery di Albino Galuppini, (7 ottobre 2009).

Galuppini: *Quindi, lei udì solamente la voce di Bill Kaysing.*

Ellery: *Esatto. Sì, io stavo seduto accanto a Bill mentre lui stava parlando con Jim. E Jim disse che sarebbe venuto nel giro di quattro giorni e, quando Bill riagganciò, ci congratulammo l'un l'altro perché sarebbe stato grande, una gran cosa e intendevamo preparare allo scopo una delle stanze nel caravan e io avevo intenzione di usare la mia nuova telecamera per registrare l'intervista.*

Galuppini: *Vuole dire che desiderava usare [proprio] la sua telecamera per registrare l'intervista a Jim Irwin?*

Ellery: *Esatto.*

Galuppini: *E lei è sicuro che Jim Irwin fosse intenzionato a raccontare la verità sugli allunaggi.*

Ellery: *Oh certo. Sì, Bill gli fece una serie di domande mentre era con lui al telefono, ma sa, è passato tanto tempo e non rammento che domande gli fece ma mi ricordo che sarebbe giunto a Santa Cruz e noi lo saremmo andati a prendere all'aeroporto per portarlo a Stanton e realizzare l'intervista nel caravan.*

Galuppini: *Per quanto ne sa lei, fu Bill Kaysing che contattò Jim Irwin.*

Ellery: *Sì, sì certo.*

Se Kaysing ed Ellery sono attendibili, a venticinque anni di distanza, la morte di Irwin suscita parecchi interrogativi. Che motivi lo spinsero a volere svelare la beffa? Fu forse la sua essenza di cristiano che gli rese troppo pesante il fardello del grande inganno?

Fu Kaysing a contattare Irwin per primo o viceversa?

Nell'intervista che mi concesse, Charles Ellery disse che fu Kaysing a rinunciare ad avvicinare gli astronauti per timore che succedesse qualcosa d'irreparabile.

Lo stesso Kaysing precisò in un'altra intervista che un suo

Figura 42: Bill Kaysing fotografato da Chuck Ellery nel 1991.

conoscente da lunga data, Lee Galvani, era quasi riuscito a persuadere l'astronauta a sgravare la coscienza dall'insostenibile peso della menzogna. Risulta, da documenti in mio possesso, che fu proprio Irwin, per primo, a telefonare a Soquel, dove Kaysing risiedeva, chiedendo di venire richiamato "venerdì". Jim disse: *"A quanto ho capito, lei ha scritto un libro intitolato Non siamo mai andati sulla Luna. Questo telefono potrebbe essere sotto controllo, voglio assicurarmi che lei mi chiami venerdì"* e gli dettò il recapito telefonico di casa, a Colorado Springs[6].

Temeva istintivamente che la linea telefonica potesse essere tenuta sotto controllo. Kaysing probabilmente non

---

6 Dal libro: "La penna più veloce del West – Biografia di Bill Kaysing" di Albino Galuppini (vedi in Appendice).

resistette alla tentazione di risentirlo anzitempo, se non altro per sincerarsi della correttezza del numero telefonico fornitogli dall'astronauta.

Ritengo che Chuck Ellery si riferisca a questa seconda conversazione.

Nello scrivere la biografia di Bill Kaysing, ho spulciato fra molti documenti appartenuti allo scrittore californiano. Ho rinvenuto diversi incartamenti menzionanti la morte di Jim Irwin in cui Kaysing cercava disperatamente di capire se l'astronauta fosse stato o meno assassinato. L'attacco cardiaco lo colse subito dopo un discorso che tenne giovedì 8 agosto 1991 ad Aspen, in Colorado. Dopo l'evento pubblico, incontrò una coppia di vecchi amici, il dottor Alan Nelson, uno psichiatra, con la moglie Claudia a Redstone sempre in Colorado. Irwin aveva chiesto in quell'occasione a Nelson di organizzare una riunione dei 12 astronauti che avevano camminato sulla Luna.

Vi sono svariati metodi per indurre un arresto cardiaco senza lasciare alcuna traccia. Tra i quali, l'impiego di sostanze naturali velenose o strumenti elettromagnetici con frequenza di tre hertz, simile a quella cui opera il cuore umano.

Sorge spontanea, in conclusione, un'altra questione inquietante. Quante altre morti sono riconducibili al terribile segreto?

Figura 43: pietra tombale ad Arlington.

Nel corso della telefonata, Bill Kaysing pose alcune domande all'astronauta. Che cosa rivelò immediatamente Irwin? Forse notizie che lo scrittore ha poi detto senza citare la sua fonte? Questo probabilmente non lo sapremo mai con certezza. Ciò che sappiamo è che ora il pilota spaziale Jim Irwin è sepolto in una tomba seminascosta nel cimitero di Arlington, in Virginia (Figura 43). Inspiegabilmente, la lapide è priva di riferimenti alla sua importanza essendo stato uno dei soli 12 esseri umani che avrebbero passeggiato su di un altro corpo celeste.

Senza dubbio un'incongruenza.

Oppure no?

Figura 44: James Benson Irwin (1930 – 1991) sulla "Luna" accanto al Rover, a sinistra il Lem. Immagine AS15-86-11602. I primi due numeri dopo AS designano la missione, in questo caso la 15, in cui è stata scatta la fotografia, la coppia di numeri centrali indica il rullino cui la fotografia appartiene.

LUNA & NASA: LE IMMAGINI SONO PIETRE

Talora, poche immagini possono risultare più eloquenti di molte parole. Perciò non sarò prolisso, quest'articolo non sarà lungo dal momento che i lettori sono invitati a concentrarsi sull'osservazione delle fotografie a corredo del pezzo. *Le parole sono pietre* scriveva Carlo Levi. Nel Vecchio Testamento la *lapidazione*, l'uccisione a colpi di pietra, è una forma di pena di morte riservata in particolare a prostitute, adultere e assassini, tuttora applicata in alcuni stati. Le parole possono "lapidare" una persona, un gruppo sociale o perfino un complesso assioma scientifico.

E le immagini no?

Non c'è bisogno che esse siano crude o truculente per avere un potere contundente e un impatto distruttivo o la semplice capacità di far riflettere.

Le effigi ormai stantie durante la conferenza stampa degli astronauti dell'Apollo 11, al ritorno dalla Luna, sono dure come pietre a testimonianza di severe anomalie comportamentali da parte di quegli uomini. Esse mostrano il terzetto di eroi americani appena usciti dalla quarantena dopo avere, con pieno successo, scritto la Storia camminando sul suolo lunare per la prima assoluta di esseri umani su un altro corpo celeste. Allora perché quelle facce da funerale? Costoro erano ritornati sani e salvi dalla più incredibile impresa mai concepita dall'ingegno umano e si ha invece l'impressione che, un momento prima, qualcuno gli avesse vomitato sul vestito nuovo.

Quale sarebbe la logica di tutto ciò?

Le risposte che snocciolano sono talmente incerte e scarne come se avessero continuamente timore di sbagliare e di contraddirsi. Parlano ma la loro mente è altrove, i volti degli astronauti sono scuri e preoccupati.

Di che cosa poi?

Sulla Luna ci erano già andati, riuscendo in un'avventura rischiosissima, vincendo colossali sfide tecnologiche.

I protagonisti sono: a sinistra Edwin "Buzz" Aldrin (giacca chiara), pilota del modulo lunare (LEM), al centro Neil Armstrong, comandante, primo uomo a mettere piede sulla Luna e Michael Collins (con i baffetti), pilota del modulo di comando (CSM).

Albert Einstein sosteneva che la conoscenza è meno importante dell'immaginazione dato che quest'ultima contempla cose che devono ancora essere conosciute e capite. Ora, provate immaginare quali eccitamenti, soddisfazioni, che fiumi di parole sarebbero dovuti scaturire da quella conferenza stampa. *Le immagini parlano da sole* come si usa dire, a mio avviso una prova "estemporanea" che la corsa alla Luna fu beffarda.

Per la cronaca, l'incontro coi giornalisti si tenne a Houston, Texas, presso l'auditorium del Manned Spacecraft Center il 12 agosto 1969 ma non è questo il dato di fatto dell'evento.

Per chi desiderasse visionare l'intero film della conferenza stampa del 1969 esiste in commercio il DVD acquistabile dal sito www.moonmovie.com.

Buzz Aldrin durante la conferenza stampa e Neil Armstrong, a destra.

Figura 45

Figura 46: durante la conferenza stampa dopo il trionfo, perché quelle facce "da funerale"?

Michael Collind. Per essere gente appena tornata incolume dalla più rischiosa impresa della storia umana, non sembrano essere poi così soddisfatti... che dite?

Figura 47

LUNA & NASA: POLVERE DI STELLE

La nostra civiltà viene spesso identificata con l'automobile. E quale più potente emblema della sua gloria se non quello di viaggiare sulla superficie di un altro corpo celeste?

Sulla Luna, ci dicono, sono "parcheggiati" tre veicoli denominati "rover" o *LRV* (acronimo di *Lunar Roving Vehicle*) arrivati con le missioni lunari Apollo 15, 16 e 17 agli inizi degli anni '70 dello scorso secolo e alla fine di quel programma spaziale americano. Giunsero agganciati e ripiegati sui fianchi del modulo lunare (Lem) e furono adoperati per trasportare materiali e astronauti, espandendo il raggio d'azione nell'esplorazione superficiale.

Portare lassù un'automobile, simboleggiante la libertà dell'Occidente, era troppo importante per gli Stati Uniti, in piena guerra fredda con l'URSS comunista, contro di cui infuriava la battaglia ideologica combattuta su tutti i fronti incluso quello delle imprese spaziali e la NASA costituiva una delle armi di punta.

I Rover avevano dimensioni di circa tre metri in lunghezza per due di larghezza, pesanti oltre 200 kg che si riducevano a 35 nella bassa gravità lunare. Si muovevano grazie a un motore elettrico con una velocità massima dichiarata di 13 km/h, tuttavia l'astronauta Eugene Cernan, durante l'Apollo 17, spinse l'esemplare 003 a ben 18 km/h stabilendo così il record non ufficiale di velocità per veicoli lunari. Le ruote erano fatte di alluminio con il battistrada formato da "costole" simili a quelle delle ruote motrici nei trattori agricoli. Sul davanti della scocca, dall'aspetto di un ombrello rovesciato, era montata un'antenna e inoltre era sistemata una telecamera, telecomandata dalla Terra, la quale consentiva di riprendere entrambi gli astronauti in azione ed anche il loro decollo sulla via del ritorno.

Esistono, naturalmente, anche diverse immagini e alcuni filmati degli astronauti che scorrazzano sulla Luna alla guida del veicolo. Gli autisti del mezzo si disimpegnano tra sobbalzi e scossoni sull'aspro suolo selenico, pietroso e sabbioso, sollevando notevoli quantità di polvere.

Ebbene, superata l'enfasi del momento, qualcosa di strano e bizzarro appare proprio nel comportamento delle particelle di *regolite* smosse dalle ruote del rover in marcia. Si chiama regolite lo strato eterogeneo e incoerente di materiale che ricopre la Luna formato da polvere, sabbia e rocce frantumate di varia granulometria.

Occorre andare oltre l'estetica del luogo considerando che sulla Luna non c'è atmosfera ed esiste una gravità, cioè l'attrazione dei corpi verso la superficie sebbene di un sesto rispetto alla Terra. I granelli di sabbia lanciati verso l'alto dal rover che "sgomma" dovrebbero compiere una traiettoria perfettamente parabolica, ossia, disegnare un arco ricadendo al suolo con lo stesso angolo e velocità con cui sono partiti. Questa è la teoria della traiettoria balistica nel vuoto.

In parole semplici, (vedi Disegno 1) una particella o proiettile o un qualunque oggetto lanciato nel vuoto dall'origine (O) tende a mantenere un moto rettilineo uniforme (linea obliqua). Però, data la presenza di una forza gravitazionale che attrae verso il basso, l'oggetto in questione compie in realtà una traiettoria curva. La distanza tra il punto di partenza e il punto di arrivo (linea orizzontale) in balistica si chiama gittata.

Singolarmente, non è ciò che appare osservando le immagini e qui il problema si fa interessante. Una volta proiettate in aria le particelle di pulviscolo lunare, sembrano sbattere contro un muro rallentando e disperdendosi formano onde che si frastagliano, incontrando resistenza, come cozzassero contro un denso fluido gassoso. Si comportano come le nuvole terrestri in cui i cristalli di ghiaccio o goccioline d'acqua "galleggiano" per la presenza di pressione atmosferica.

Nei fotogrammi estratti dal filmato della missione Apollo 17, si nota chiaramente (vedi Figura 49), che un fine pulviscolo resta sospeso "in aria" formando una nube similmente a ciò che avviene sulla Terra. I granelli avrebbero dovuto seguire un

A sinistra: il ricercatore e documentarista James M. Collier.

Figura 48

tragitto precisamente parabolico e indisturbato, non fermarsi a mezz'aria come stessero in sospensione.

Com'è possibile tutto ciò sulla Luna ove non vi è atmosfera? La risposta più naturale è: non si trovavano in ambiente a vuoto assoluto, quindi non erano sulla Luna.

Simulare il cielo era semplice tramite un tendaggio di velluto nero dichiarando che, data l'abbacinante luce solare, non si potevano distinguere le stelle. Riprodurre il suolo lunare era abbastanza facile: bastava cospargere il pavimento dello studio con delle rocce vulcaniche che fanno molto extraterrestre. Ma l'atmosfera non costituiva un problema, pensarono, tanto non si vede se l'aria c'è oppure no, chi volete faccia caso alla bandiera che sventola? O alla scia della macchinina?

Non pensate che sia solo questo il "polverone" alzato con il rover a porre interrogativi. Non ci sono immagini del rover agganciato al Lem e di come, una volta avvenuto l'allunaggio, fosse sganciato e dispiegato in modo da potere essere utilizzato.

Se spedire uomini sulla Luna era un balzo da gigante perché non lo sarebbe dovuto essere portarci un'automobile? Come mai non vi è documentazione per immagini di come fu fatto? Ci dovrebbero essere centinaia di disegni tecnici e fotografie di cui andare fieri da parte dei costruttori, invece non ce ne sono, neppure nella letteratura scientifica. (Figura 111)

Dobbiamo la focalizzazione delle bizzarrie riguardanti l'auto lunare a Jim Collier, giornalista investigativo statunitense, nel pregevole documentario *Was It Only a Paper Moon?* (1997) in cui puntualizza, oltre a questo, che le dimensioni dell'abitacolo del Lem erano troppo ridotte affinché gli astronauti potessero muoversi e uscire agevolmente indossando l'ingombrante tuta spaziale. Jim Collier morì di cancro pochi mesi dopo l'uscita del suo documentario.

Sorge spontanea una domanda a questo punto: se gli allunaggi furono inscenati sulla Terra, dove vennero realizzati? Alcuni sostengono in una caverna sotterranea, altri dentro l'hangar di un aeroporto inutilizzato. Bill Kaysing, scrittore noto per essere stato il padre della teoria sulla falsità degli sbarchi lunari, affermava con tranquillità che, una volta lanciati, i razzi Saturno V non volavano verso la Luna ma venivano fatti precipitare nell'Atlantico del Sud dove si troverebbero ancora in fondo al mare. Le ambientazioni lunari furono ricostruite in una base aerea vicino a San Bernardino, in California, dotata di un grandissimo e protettissimo hangar oppure dentro l'Area 51, una base militare di cui fino a pochi anni orsono si negava perfino l'esistenza, situata sulla riva meridionale del lago Groom, un bacino prosciugato in Nevada, desertico e polveroso. Si ritiene che dentro l'Area 51 siano custoditi dei dischi volanti (UFO), la base è un "vaso di Pandora" che nessuno può scoperchiare?

Non sappiamo su quali fonti Kaysing basasse la sua convinzione. Comunque, un suo amico di nome Charles Ellery afferma che lo scrittore californiano fu in contatto con l'astronauta Jim Irwin, dell'Apollo 15, il quale sarebbe stato disposto a "vuotare il sacco" sui voli lunari. Ellery assistette a una telefonata tra Irwin e Kaysing nella quale l'astronauta avrebbe iniziato a fare alcune rivelazioni su come furono inscenati gli sbarchi. Kaysing ripeteva senza esitazione che, dove ebbero luogo le simulazioni degli allunaggi, gli studi cinematografici e gli impianti scenici utilizzati sono tuttora celati la, come in un museo segreto. Sfortunatamente Jim Irwin morì improvvisamente per un attacco cardiaco pochi giorni dopo la telefonata ed essersi reso disponibile, stando a Kaysing e Ellery, a confermare pubblicamente che l'intero programma Apollo fu una contraffazione, architettata dalla Nasa, per indurre i sovietici a credere che gli USA erano arrivati per primi sulla Luna. Non è azzardato ipotizzare, a mio parere, che la fiducia di Kaysing su alcune peculiarità della messa in scena fosse dovuta a ciò che apprese durante quella conversazione telefonica[7].

Le anomalie riguardanti il rover, per altro, sono solo alcune delle tante, troppe incongruenze di un'impresa che a molti appare essere stata una prodezza inverosimile, un sogno irrealizzabile per la tecnologia analogica degli anni 60 e, ancor'oggi, una meta irraggiungibile dell'era digitale.

Alcuni membri della razza umana, probabilmente per la loro celeste vanità, peccando di superbia, volendo convincere di essere riusciti a raggiungere il Cielo, non hanno potuto fare a meno di cedere al narcisismo facendo correre il rover sulla superficie della "Luna", incuranti del comportamento delle particelle di regolite spostate dalle ruote. E senza tenere conto che qualcuno coinvolto nella cospirazione prima o poi, preso dal rimorso, avrebbe potuto arrendersi alla verità.

Orgoglio e vanità furono i primi vizi capitali a essere coltivati e, credo senz'altro, saranno gli ultimi a essere abbandonati.

---

7   La testimonianza sullo strano episodio a pagina 81 nel capitolo LA MORTE SOSPETTA DI UN ASTRONAUTA.

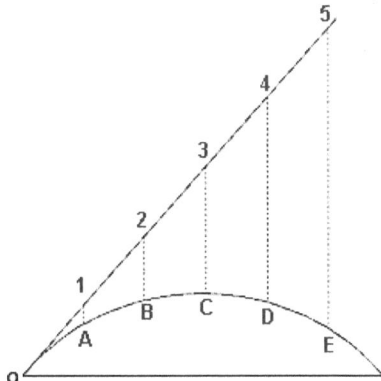

A sinistra: grafico di un moto rettilineo uniforme e di una traiettoria balistica.
I punti contrassegnati con lettere corrispondono ai punti della retta denominati con i numeri.

Disegno 1

Figura 49: fermo immagine che mostra, oltre alla mancanza di profondità del terreno circostante, gli sbuffi di povere. L'astronauta gioca ancora con il Rover nello studio sollevando la polvere!!! Si illustra chiaramente come le nuvolette di polvere rimangano sospese a mezz'aria anziché dirigersi all'indietro con moto parabolico uniforme.

UN'AUTENTICA PORZIONE DI LUNA RICREATA IN AMERICA

Figura 50: esplosioni nel lago Cinder onde creare crateri "lunari".

È un fatto ben corredato di immagini ma poco conosciuto. Prima che gli astronauti arrivassero sulla Luna, la NASA aveva cercato loro un posto dove esercitarsi usufruendo DI un ambiente piuttosto simile alla superficie selenica, e così venne progettato il *Cinder Lake Crater Field*. Si trova nella contea di Coconino nello stato dell'Arizona.

Il posto fu prescelto per la sua ghiaia vulcanica porosa, l'ex vulcano, divenuto un lago asciutto, costituiva un analogo più che adatto della polvere che ricopre la superficie lunare chiamata "regolite".

Tuttavia, per simulare accuratamente la superficie della luna, gli scienziati avevano mappato una parte dei crateri del satellite e avevano proceduto a creare una replica esatta del campo di buche nel lago Cinder.

Facendo brillare centinaia di kg di dinamite, gli scienziati della NASA avevano creato un identico campo di crateri in una serie accuratamente ordinata di esplosioni. Una volta

Figura 51: ruspa prepara il sito dove piazzare la carica di dinamite che provocherà un cratere.

materializzato il falso lembo lunare, gli astronauti erano, quindi, liberi di provare i rover lunari e altre apparecchiature nella sicurezza garantita dalla gravità terrestre.

C'è da chiedersi per quale motivo la NASA avesse bisogno di una ricostruzione geografica particolarmente accurata per provare le attrezzature che gli astronauti avrebbero dovuto utilizzare lassù.

I crateri creati nel lago asciutto rimangono ancora oggi, sebbene molti di essi siano stati riempiti e ammorbiditi in cavità dall'erosione naturale e dagli agenti atmosferici.

Oltre al degrado meteorico, ora il lago asciutto fa parte di una popolare zona ricreativa per veicoli fuoristrada nella foresta nazionale di Coconino, ciò contribuisce alla distruzione di questa area storicamente significativa.

Vi è un altro sito poco noto al grande pubblico.

Circolano immagini che dimostrano come la NASA avesse approntato una serie di grandi modelli della Luna, a varia grandezza, che vennero dipinti da artisti copiando da mappe lunari fornite dalla NASA stessa. Riproduzioni talmente fedeli che sarebbero potute tornare utili per girare filmati fasulli.

È risaputo che oltre, alle esercitazioni USGS (ente geologico) nel deserto e nel Cinder Lake, gli astronauti avevano simulato anche situazioni di "vita lunare" al chiuso, il più noto

Figura 52: l'esplosione crea un cratere "lunare".

Figura 53: un ingegnere studia mappa lunare per ricostruire fedelmente un lembo di Luna.

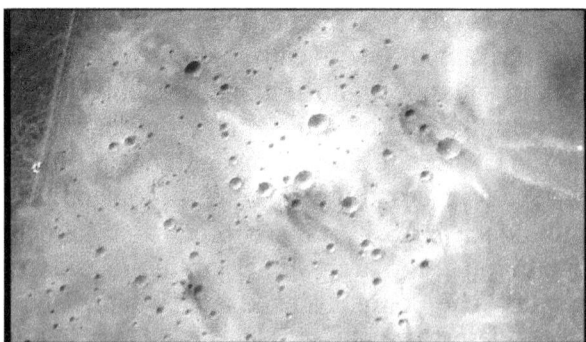

Figura 54: il "campo di crateri" al lago Cinder.

Figura 55:astronauti si addestrano al lago Cinder.

Figura 56: il "campo di crateri" creato nel letto del lago Cinder.

dei quali era il Centro Ricerche di Langley della NASA locato ad Hampton in Virginia, meglio conosciuto come *Langley Research Center* (o LARC). È solo una coincidenza che anche il quartier generale della CIA si trovasse nella stessa località?

In aggiunta a precedenti immagini in gesso realizzate dall'USGS, erano stati compilati vari modelli dell'aspetto della superficie lunare, anch'essi basati su fotografie scattate dall'orbita lunare. In relazione al programma Apollo, quando

Figura 57: LOLA Modello 1 e Modello 2 e un binario curvo progettata per una telecamera/cinepresa da utilizzare nelle simulazioni lunari? Il più grande ha un diametro di 7 metri.

fu iniziata la produzione di modelli visivi su larga scala della superficie lunare con modellazione topografica presso il Langley Research Center, la grande maggioranza delle simulazioni a caldo e delle esercitazioni relative al volo spaziale degli Apollo alla NASA si erano concentrate lì.

Secondo una metodologia sviluppata presso il Langley Research Center della Virginia, oltre al sistema di navigazione della nave, l'astronauta aveva bisogno anche di riferimenti visivi per trovare la giusta posizione di atterraggio.

A tal fine, prese corpo il progetto LOLA (*Lunar Orbit and Landing Approach*). Fu avviato nel 1963, il costo sarebbe stato di 2 milioni di dollari di allora, in base al quale vennero pianificati diversi modelli in scala della Luna (Figura 57).

La NASA aveva affermato che il motivo della costruzione dei modelli in scala era di permettere di studiare potenziali problemi al momento dell'atterraggio del modulo lunare. Lo scopo dei paesaggi in miniatura di diverse dimensioni era quello di preparare l'approccio degli astronauti alla

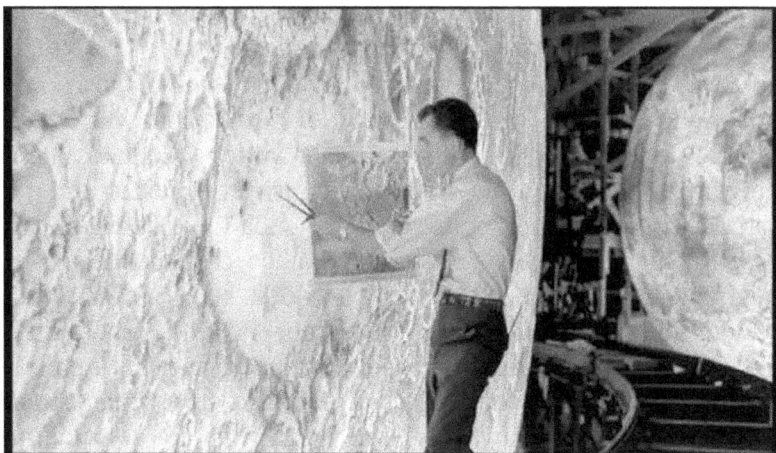

Figura 58: il LOLA fu finalmente completata nel 1965. Subito dopo la fine del programma Apollo nel 1972, venne smantellato.

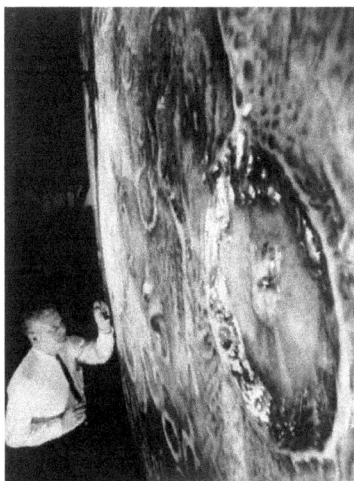

Figura 59: se non fosse per l'uomo, un'immagine realistica.

superficie della Luna a diverse altitudini.

Forse, la struttura più significativa nella modellazione della Luna era una miniatura circolare della Luna, dal diametro di circa 7 metri, che ruotava attorno al proprio asse. Al LOLA, si erano aggiunti anche altri modelli in scala della Luna, principalmente pareti curve su cui era stata ricostruita una topografia parziale della superficie lunare. Nelle simulazioni uditive è stato possibile ruotare i modelli in scala del LOLA sui binari circostanti, da dove sono stati filmati nel punto desiderato, da una sorta di orbita artificiale. Si riferisce che fosse anche possibile ruotare liberamente tutti i modelli nella posizione desiderata, ad eccezione del modello circolare, che ruotava solo attorno al proprio asse.

Secondo le conoscenze attualmente a nostra disposizione, esistevano almeno quattro modelli di simulazione lunare di diverse dimensioni. Il modello in scala sferica (Modello 1) del progetto LOLA aveva lo scopo di descrivere traiettorie curve (orbite) come apparirebbe la superficie della Luna da un'altezza di 200 miglia. A quella scala, un pollice corrispondeva a 9 miglia. Gli altri due modelli (Modello 2 e 3) presentavano sezioni ingrandite e curve del primo modello, che erano quindi destinate a simulazioni ravvicinate alla superficie della Luna. Il quarto modello (Modello 4) rappresentava una zona mirata dell'area del cratere *Alphonsus*, che a sua volta era associata al sito di atterraggio dei voli dell'Apollo 16 e 17. In questo quarto modello, la scala è di un pollice corrispondente a 200 piedi.

Dal 1965, numerose esercitazioni con gli astronauti furono condotte presso il *Langley Research Center* (LARC/LRC), nonché esercizi di avvicinamento lunare condotti nell'ambito del progetto LOLA che vennero filmati regolarmente a partire da quell'anno. Stando alla NASA, uno dei loro obbiettivi era quello di rendere le situazioni di volo il più possibile vicino

Figura 60: artista dipinge la sfera lunare a basandosi sulle mappe fornite dalla NASA.

alla realtà cosmica che gli uomini assegnati alle imminenti missioni Apollo avrebbero sperimentato.

Un altro noto campo di addestramento Apollo si trovava presso il *Manned Spacecraft Center* della NASA a Houston, dove l'addestramento si svolgeva nell'Edificio 9. (Fig. 66)

In sintesi, è facile immaginare che la necessità di ottenere riproduzioni così fedeli e realistiche celasse l'intenzione di far passare filmati e fotografie "di prova" come autentici documenti visivi provenienti da 400.000 km di distanza.

Figura 61: grande modello lunare molto realistico.

Figura 62: quanti sapevano di questo progetto?

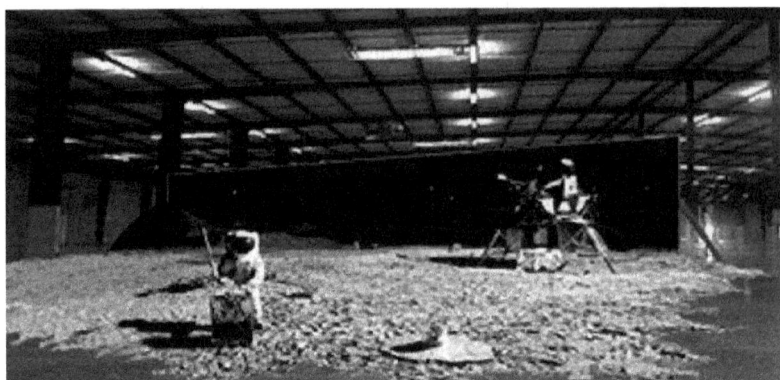

Figura 63: all'interno del Langley Research Center, vennero costruiti Hot Landscapes (paesaggi realistici) per le simulazioni degli allunaggi per l'addestramento degli astronauti.

Figura 64: uno "studio lunare", luogo ideale per compiere allunaggi senza rischi per gli astronauti e con pieno successo presso il pubblico televisivo.

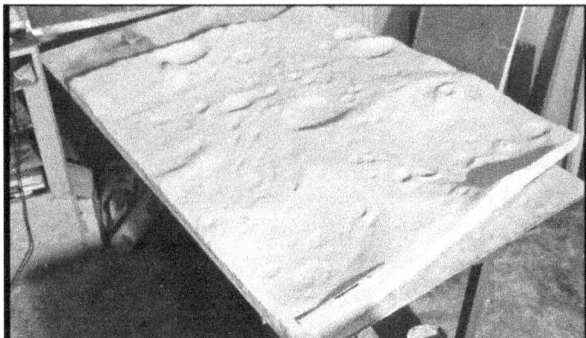

Figura 65: porzione di superficie lunare replicata in perfetta scala in tre dimensioni. Lo scopo del LOLA era di famigliarizzare gli equipaggi, attraverso un impatto visivo dettagliato, con la superficie lunare.

Figura 66: oltre al LARC di Langley, Neil Armstrong e Buzz Aldrin avevano anche eseguito numerose simulazioni di attività lunare al MSC (Centro per il Volo Spaziale Umano) di Houston (22 aprile 1969).

Figura 67: immagine AS11-45-6706B che mostra rocce lunari, direttamente in posto, fotografate durante la prima missione sulla Luna. La lettera B indica che si tratta di una sequenza "stereo" di fotografie. Per rendere le simulazioni il più credibili visivamente possibile, l'USGS (Sorveglianza geologica degli Stati Uniti) aveva realizzato, su richiesta della NASA, modelli in scala di formazioni rocciose vicino ai siti di atterraggio del volo spaziale Apollo utilizzando gesso e stampi. È stato riferito che le immagini di queste formazioni di terreno da cui sono state realizzate imitazioni di gesso si basano su misurazioni di immagini laser e mappatura stereo dell'orbita lunare eseguite da vicino dalle sonde Ranger della NASA e dai Lunar Orbiters negli anni '60.

Figura 68: il Lunar Landing Research Facility (LLRF) era un simulatore di volo introdotto presso il Langley Research Center (LARC) nel 1965. Serviva per l'addestramento alla discesa del modulo di allunaggio (LEM), così come per addestrare alla camminata lunare in gravità simile a quella selenica. L'altezza della struttura era di circa 73 metri.

LUNA & NASA: LE STELLE
A VOLTE RISPUNTANO

La scoperta dell'America, avvenuta il 12 ottobre 1492 da parte di Cristoforo Colombo, segnò un momento di svolta incontrovertibile nella storia occidentale dando origine all'epoca moderna, ponendo così termine all'era volgare. Quale miglior testimonianza per i posteri del progresso scientifico del nostro tempo, se non la conquista di un intero corpo celeste?

L'egemonia nello spazio e la corsa alla Luna, dopo la fine della seconda guerra mondiale, rappresentarono una delle battaglie di punta per primeggiare nella "guerra fredda" tra il blocco occidentale e capitalista, facente riferimento agli USA, e il blocco sovietico capeggiato dall'URSS. Dall'epico discorso di John Fitzgerald Kennedy, tenuto al campus della Rice University di Houston in Texas nel settembre 1962, gli Stati Uniti compirono un immane sforzo tecnologico ed economico per raggiungere primi la Luna. Il presidente, ammettendo il ritardo dell'America in campo spaziale, aveva fissato la fine del decennio come termine ultimo entro il quale il suo paese avrebbe dovuto spedire astronauti sul vicino corpo selenico. Tuttavia il programma Apollo, così venne denominato, fu tormentato sin dall'inizio da molti ritardi e diversi incidenti culminati il 27 gennaio 1967 quando persero la vita Gus Grissom, Roger Chaffee e Ed White.

I tre sfortunati astronauti arsero vivi nel rogo della loro capsula durante una prova a terra sulla rampa 34 a Cape Canaveral. La NASA moltiplicò gli sforzi per rispettare l'impegno contratto da Kennedy, ma forse qualcuno cominciò ad avere la sensazione che la fine degli anni 60 sarebbe stata una scadenza irrealistica per un tale traguardo.

La conclusione delle missioni Apollo, nel dicembre 1972, condusse a un risultato inaspettato: la Luna è diventata una sorta di tabù per cui quasi nessuno si è occupato più del nostro satellite naturale seppure non tutti i pianeti del sistema solare hanno un compagno così voluminoso a soli 385 mila km di distanza che su scala astronomica costituiscono un'inezia. La Luna sarebbe la piattaforma ideale sulla quale piazzare un osservatorio astronomico, data l'assenza di atmosfera. Rare sonde da allora la esplorano invece da debita distanza, non vi sono progetti per impiantarvi basi permanentemente abitate come auspicato da Neil Armstrong, primo uomo sulla Luna, durante un'intervista rilasciata subito dopo il ritorno da quell'impresa storica. In tale occasione, Armstrong si era detto certo che si sarebbero costruite basi lunari durante la sua esistenza. L'ex astronauta è passato a miglior vita nel 2012, all'età di 82 anni, senza che la sua profezia si avverasse nemmeno lontanamente. Il presidente americano in carica, Barack Obama, nel 2010 ha cancellato il programma Constellation che mirava al ritorno sulla Luna entro il 2020 e per il quale erano già stati spesi 9 miliardi di dollari.

Fin dall'inizio dell'era Apollo, tuttavia, presero corpo sospetti sull'autenticità di un'impresa che a molti parve inverosimile per le possibilità tecniche degli anni 60 come se si trattasse della raccolta di un frutto immaturo. La simulazione della conquista della Luna è la teoria "complottista" per eccellenza alimentata letterariamente in particolare dal libro *Non siamo mai andati sulla Luna* dello scrittore statunitense Bill Kaysing, pubblicato nel 1976. Una delle prove salienti, da alcuni ritenuta conclusiva, che lo sbarco fu inscenato in uno studio cinematografico dentro una base segreta come Area 51, è la mancanza di stelle nelle fotografie del cosmo. Secondo l'ipotesi, per i cospiratori sarebbe stato troppo complicato riprodurre la volta celeste accuratamente che perfino un astrofilo dilettante avrebbe potuto evidenziare piccoli errori nella magnitudo e nella posizione reciproca degli astri, svelando l'inganno. Così, gli imbroglioni avrebbero deciso di dipingere il cielo di un colore nero pece. Ed è ciò che le fotografie divulgate dalla NASA ci hanno mostrato finora.

A noi sembra normale quindi che desti qualche perplessità la comparsa delle stelle nelle immagini ufficiali dopo decenni di

Figura 69: in questa foto è visibile qualche flebile stellina (a sinistra).

assenza[8]. È il caso della fotografia scattata, secondo le informazioni accreditate, il 24 dicembre 1968 dall'Apollo 8 (21 – 27 dicembre 1968) durante la prima spedizione circumlunare con equipaggio. In preparazione dello sbarco che sarebbe avvenuto sette mesi dopo, il 21 luglio 1969, l'astronauta William Anders scattò materialmente la fotografia, denominata "Earthrise" ("Sorgere della Terra"), catalogata **AS8-14-2383** dalla NASA, per mezzo di una macchina fotografica Hasselblad 500 EL. Il comandante Frank Borman prese invece immagini in bianco e nero del terminatore della Terra che è quella linea che divide il giorno dalla notte. Anders era il pilota del modulo lunare (LEM) mentre il terzo membro dell'equipaggio era James Lovell, pilota del modulo di comando (CSM).

La fotografia in questione (Figura 69) è stata recentemente scaricata dal sito www.nasa.gov mentre la Fig. 70 è la versione

---

8   Non sono certo che nella stampa le deboli stelle appaiano visibili.

Figura 70: una classica fotografia presente in quasi tutti i testi scolastici ostentante la Terra che sorge sull'orizzonte lunare.

"storica" della medesima immagine presente in migliaia di libri e pubblicazioni nella quale di stelle non se ne scorgono. Come detto, essa risale al 1968 ossia a ben 22 anni prima del lancio del costosissimo telescopio spaziale Hubble. Viene da chiedersi come mai, se le immagini dell'Apollo davvero immortalavano i corpi celesti, nessuno scienziato in tutti questi anni li abbia studiati tramite appositi trattamenti dell'emulsione fotografica atti ad evidenziarli. Molte immagini lunari, diffuse dalla NASA, sono quasi perfette con una definizione meravigliosa e dettagli nitidissimi da applauso in una mostra fotografica.

Sorprende perciò che non siano stati immortalati. In particolare i pianeti più vicini, Venere e Marte, che dallo spazio profondo e privo di atmosfera devono apparire uno spettacolo mozzafiato. Durante la missione dell'Apollo 14 (31 gennaio – 5 febbraio 1971) il comandante Alan Shepard aveva contrabbandato a bordo una mazza e alcune palline per giocare a golf sulla superficie lunare. Invece, l'idea di scattare fotografie delle stelle sembra non sia stata neppure presa in considerazione. Gli astronauti erano tutti laureati in ingegneria o fisica, degli appassionati di scienza e spazio, per i quali sarebbe dovuto essere piacevole mostrare fotografie e discutere della strabiliante bellezza di galassie e nebulose viste dall'orbita lunare lontano dal bagliore riflesso dalla Terra. Viceversa, gli equipaggi sono sempre rimasti muti come pesci.

Osservando la Figura 69, sorge spontaneo chiedersi se abbiamo a che fare con stelle, oppure pilucchi, graffi, granelli di polvere o altra imperfezione del supporto fotosensibile. Se sono artefatti, perché essi non appaiono anche sulla porzione rappresentante la Luna o la Terra? Per quale sortilegio, qualora siano veramente stelle, esse brillano d'improvviso solo ora, dopo essere state avvolte dal buio per 50 anni? O si tratta di un'ambiguità intessuta ad arte per intorbidare le acque del dibattito sulla possibile falsificazione delle missioni Apollo?

I sostenitori della veridicità delle missioni affermano che sarebbe stato utopistico impressionare la volta celeste contemporaneamente alla Terra o alla Luna causa l'enorme differenza di luminosità. Rimane un mistero però per quale motivo, avendo a disposizione pellicole da 70 mm che garantivano un'alta definizione delle immagini, gli astronauti non abbiano utilizzato regolazioni delle macchine fotografiche adatte a catturare le stelle. Sarebbe stata un'opportunità più unica che rara quella di ritrarre costellazioni e nebulose e pianeti, perché l'occasione fu sciupata? Esistono, altresì, fotografie che sino dalla loro divulgazione iniziale mostrano un cielo trapunto di stelle come nel caso dell'immagine etichettata **AS10-34-5011** (Figura 71), scattata durante la missione Apollo 10 (18 – 26

Figura 71: immagine AS10-34-5011.

maggio 1969), l'ultima spedizione preparatoria prima dello sbarco. Nell'agosto 2012, il rover Curiosity della NASA è atterrato sul pianeta Marte dal quale di recente ha iniziato a trasmettere immagini notturne del piccolo satellite marziano Phobos (Figura 72). Il pianeta rosso è dotato di un'atmosfera, sebbene rarefatta rispetto a quella terrestre, e in queste immagini scattate dalle MastCam, in dotazione al robot, il cielo appare completamente punteggiato di stelle. E' pur vero che all'epoca degli sbarchi lunari non erano disponibili le avanzate fotocamere digitali d'oggi, ciò nonostante pellicole ad alta sensibilità adatte alle riprese notturne erano già perfettamente utilizzabili. Bisogna menzionare, a riguardo delle immagini diffuse dalla NASA, che durante la missione Apollo 16 (21 – 27 aprile 1972) fu portato sulla Luna il Far Ultraviolet Camera/Spectrograph (UVC), telescopio che riprese il cosmo nel campo degli ultravioletti. Quelle immagini paiono attendibili, comunque sono distribuite in falsi colori divenendo dunque talmente artificiose che potrebbero anche essere state ottenute in altra maniera invece che da un aggeggio a raggi ultravioletti posto sulla Luna. A riprova e per ulteriore verifica, tramite un amico ho acquistato presso un noto sito di aste online, una vecchia riproduzione di "Earthrise" nella quale mi sembrava di avere scorto dei minuscoli punti luminosi che avrebbero potuto essere stelline. La stampa ad alta qualità su cartoncino (Figura 73), intitolata EARTH-RISE ABOVE THE LUNAR HORIZON, misura 11 pollici x 14 pollici (28 cm x 36 cm) ed è numerata e siglata con la dicitura NASA. Una volta però esaminata minuziosamente dal vero, avvalendomi di una lente d'ingrandimento, ho potuto costatare che si tratta di piccoli screzi e pulviscolo accumulatisi nel tempo, in ogni caso, queste "stelle" non combaciano minimamente con i puntini visi-bili nell'immagine ottenuta dal sito web della NASA (Fig. 69).

Figura 72: il piccolo satellite marziano Phobos.

Questi sono solamente alcuni dei tanti paradossi e contraddizione in termini che affliggono le prove visive delle spedizioni lunari. L'argomento delle ambiguità visuali è affrontato, tra gli altri, con ampia documentazione nel mio libro *LUNA & NASA: il sogno proibito*. Ogni epoca ha il proprio impero e questa è l'epoca dell'impero americano che appare peraltro sulla via del tramonto.

L'ineffabile comparsa degli astri in alcune immagini sembra essere una piccola fibrillazione nella grande matrice globale posta a salvaguardia dell'ultima superpotenza rimasta. Come spiegare altrimenti l'inesplicabile spuntare delle stelle dal nulla in cui sono rimaste eclissate per oltre quattro decenni?

È mia ferma convinzione che, per gli USA, la rivelazione della beffa della Luna costituirebbe un "canto del cigno". Sono persuaso che l'eventuale scoperta che la conquista lunare fu una colossale burla perpetrata dal governo americano ai danni del mondo intero, sancirebbe la fine degli Stati Uniti come potenza planetaria. Emblematicamente al modo in cui la caduta del "muro di Berlino", nel 1989, simboleggiò la fine dell'Unione Sovietica e lo scioglimento del Patto di Varsavia. "Ai posteri l'ardua sentenza" di manzoniana memoria.

Figura 73

Figura 74: i membri dell'equipaggio dell'Apollo 8 posano di fronte al Saturno V sulla rampa di lancio: a sinistra, il comandante della missione Frank Borman, al centro Jim Lovell, pilota del modulo di comando/servizio (CSM) e a destra William Anders, pilota del modulo lunare (LEM).

Figura 75: la sala Controllo Missione dell'Apollo 8 a Houston.

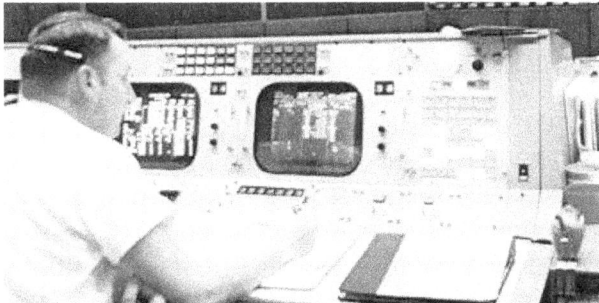

Figura 76: seduto di fronte ai pannelli brillantemente illuminati della console il Direttore di Volo (Squadra Verde) di Apollo 8 Cliff Charlesworth.

IL CONIGLIO BEFFARDO DI GIADA

Figura 77: il "coniglio di giada" sulla superficie lunare. L'ombra è orientata verso sinistra e verso l'obbiettivo fotografico ma il piccolo robot è ben illuminato.

La sonda cinese *Chang e'3* ha trasportato il rover *Yutu (Coniglio di Giada)* allunando il primo dicembre 2013 e di esso si sono perse quasi subito le tracce. Nel giro di una settimana sarebbe "defunto", dicono, per il troppo freddo. Dopo le spettacolari e, a mio modesto avviso, inverosimili immagini dell'attivazione del robottino mobile, più nulla. Strano che non ci siano altre immagini provenienti dal Coniglio di Giada oltre a quelle dello sbarco. Nessuna agenzia di stampa mondiale ha dato risalto a questa bizzarria.

L'impressione che ebbi, fin dal principio e confermata dalla assenza di prove visive, è che il tutto sia una beffa cinese in risposta alle minacce americane verso il colosso asiatico. Un po' a voler dire: *"sappiamo che non ci siete andati, vedete, anche noi possiamo fingere credibilmente, siamo alla vostra altezza"*.

Pensate, per un momento, alla tecnologia attuale dei *telefoni cellulari* e alla potenza delle loro fotocamere e alla connettività.

Dunque, costoro avrebbero inviato sulla Luna un rover costato miliardi di euro, dotato di tecnologia avanzatissima, e non sono ancora in grado di inviare alla base fotografie dei crateri, delle stelle, dei pianeti, della Terra che brilla luminosa nel buio cielo lunare. Non è certo un problema di distanza, visto che la NASA, oltre 50 anni fa, già diceva di trasmettere a colori in diretta tv dalla superficie lunare. In risposta, l'ente spaziale americano, ha prodotto un'immagine del LRO in cui si vedrebbe il rover cinese. Non ci vuole mica tanto a insinuare, come sosteneva Bill Kaysing, che l'esplorazione spaziale sia solo un'enorme "bolla di sapone".

Per intuire che le immagini della sonda cinese sono una bufala, basta osservare le ombre. In una settimana, dallo scatto della prima foto all'ultimo, l'ombra non si è mossa di un millimetro.

In realtà, se fosse veritiero lo sbarco, questa avrebbe dovuto spostarsi di circa 90° (angolo retto). Infatti, il giorno lunare (rotazione intorno al proprio asse) dura 28,5 giorni terrestri, quindi, in sette giorni l'ombra avrebbe dovuto cambiare drasticamente direzione. Verificate pure, impiegando un software astronomico adatto allo scopo.

Attendiamo con ansia le solitamente fantasiose spiegazioni al fenomeno da parte di Paolo Attivissimo, Alberto Angela, *CICAP* e compagnia cantante. Riporranno il coniglio dentro il cilindro di quest'altro inganno globale?

Lo sbarco lunare della sonda *Chang'e 3* ha riacceso il dibattito sulle imprese spaziali del passato e sulla loro veridicità. Esso manifesta inesorabilmente le medesime incongruenze riscontrate durante l'allunaggio con astronauti effettuato, per ben 6 volte, dalla NASA tra la fine degli anni '60 e l'inizio degli anni '70:

- *Assenza di polvere sollevata e di terreno smosso dal razzo in fase di discesa, come se la fotocamera di stesse avvicinando solo ad una gigantografia di un terreno desertico.*
- *Differente colore della superficie tra le foto dallo spazio e le immagini scattate dal suolo lunare.*
- *Mancanza assoluta degli astri nel firmamento, anche delle stelle più luminose, dei pianeti vicini quali Marte e Venere e delle galassie.*
- *Nessuna immagine della Terra in fase di allontanamento da essa o dalla superficie lunare. Sorprendente, visto che il nostro pianeta dovrebbe rappresentare uno spettacolo ineguagliabile visto da lassù.*

Eclatanti, oserei dire perfino burleschi questi paradossi. A dispetto del fatto che da decenni ormai queste anomalie siano state puntualizzate in diversi libri e migliaia di siti internet, i cinesi, in ossequio alla burla americana, non hanno rimediato a questi errori nel concepire la beffa.

Senza menzionare che la tecnologia della fotografia digitale odierna è enormemente più versatile delle macchine fotografiche con pellicola impiegate decenni fa.

Figura 78: il piccolo robot cinese Yutu, che significa "Coniglio di Giada", fotografato dall'unità predisposta per l'allunaggio. È lungo solo un metro e mezzo e pesante 140 kg.

La prima immagine in assoluto scattata dalla superficie del lato opposto della luna è stata diramate nel gennaio '19 dopo l'atterraggio riuscito della agenzia spaziale cinese con la sonda Chang'e 4.

Figura 79: a colori, il tono è di un giallo-ocra.

LUNA & NASA: CHE COSA AVVENIVA NELLA REALTÀ?

Dunque, se i voli lunari sono stati davvero simulacri di imprese spaziali, che cosa avvenne nella realtà?

Plausibile ipotizzare che le cose procedettero nel modo seguente. Posteriormente al rogo del gennaio 1967, che costò la vita ai tre astronauti, Gus Grissom, Roger Chaffee ed Ed White, la NASA comprese che mai ce l'avrebbe fatta a mantenere la promessa del compianto presidente Kennedy di raggiungere la Luna tramite uno sbarco di uomini prima della fine del decennio.

Agli inizi degli anni '60, mancavano totalmente i presupposti di sicurezza per un'avventura così rischiosa e apparve oltremodo chiaro che il progetto avrebbe dovuto subire una completa rivisitazione. Quindi, contando sull'attitudine nazionale all'arte dell'illusione filmica, fu progettato di produrre il film più costoso della Storia del cinema: 30 miliardi di dollari di allora (200 miliardi di oggi).

Il programma spaziale Apollo procedeva, in apparenza, senza intoppi. Pochi di coloro che vi lavoravano perifericamente sospettarono qualcosa: tutto fu controllato dai massimi ranghi e sottoposto a segretezza di livello militare.

I razzi Saturno V decollavano regolarmente verso lo spazio davanti alle telecamere ma privi di equipaggio e il missile assumeva una traiettoria parabolica. Tornava verso la superficie e veniva fatto inabissare in un'area preposta dell'oceano, lontano da occhi indiscreti. Questa zona è il cosiddetto "triangolo delle Bermuda", una porzione dell'oceano Atlantico settentrionale. Un triangolo i cui vertici sono Miami, in Florida, l'isola di Portorico e l'arcipelago delle Bermuda. La leggenda vuole che tragici eventi avverrebbero nel triangolo ma sarebbe stata creata *ad hoc* a partire dal 1958 (stesso anno della istituzione della NASA) per tenere lontano le navi mercantili le quali avrebbero potuto testimoniare l'inabissamento dei missili destinati all'orbita.

Nel film *Capricorn One* del 1978, ispirato dal libro "Non siamo mai andati sulla Luna" di Bill Kaysing, si allude a una eventuale missione di soccorso degli astronauti, in caso di avaria al razzo vettore, proprio nel triangolo delle Bermuda.

Intanto gli astronauti, annidati in una base segreta, partecipavano a una meticolosa messa in scena degli sbarchi attraverso la realizzazione di fotografie e filmati (diretti da Kubrick?). Tramite satelliti in orbita o, più verosimilmente, antenne terrestri entro basi militari (fra le quali Honeysuckle Creek in Australia) venivano trasmessi dati telemetrici fasulli che la schiera di ignari tecnici al centro di controllo di Houston ritenevano provenissero realmente dallo spazio siderale.

Secondo lo scrittore Kaysing, l'Area 51 nel deserto del Nevada era la base segreta ove vennero inscenati gli sbarchi. Onde sviare l'interesse dei curiosi, fu escogitata la menzogna dell'esistenza di astronavi aliene celate e studiate nel sito. In particolare, dopo la montatura elaborata tramite il falso scienziato fuggiasco Bob Lazar e i sui racconti, abbastanza credibili, sulle attività svolte entro Area 51.

Al momento del "rientro sulla Terra", gli equipaggi entravano in una capsula bruciacchiata, onde simulare l'attrito atmosferico, che veniva trasportata in quota da un grosso aeroplano cargo militare, un Lockheed C-5A privo di contrassegni, e sganciata. Una volta apertosi il paracadute, la navicella ammarava, infine i valorosi astronauti venivano ripescati da un apposito vascello militare. Ciò accadeva nell'oceano Pacifico. nel modo e nel luogo preconizzati da Giulio Verne un secolo prima!

Di seguito, il copione prevedeva la "quarantena", un periodo d'isolamento affinché venisse accertato che gli astronauti non potessero infettare qualcuno con fantomatici microbi lunari. In verità, forse subivano trattamenti psicologici, un lavaggio del cervello atto ad assicurare la loro cooperazione con la frode perpetrata dalla NASA.

Le pietre seleniche erano, probabilmente, costituite da rocce

Figura 80: nel 1967, Wernher von Braun, lo scienziato tedesco che era a capo della ricerca missilistica americana, si recò in Antartide alla ricerca di rocce meteoritiche. Per una curiosa coincidenza, le meteoriti che successivamente furono rinvenute al polo Sud avevano la medesima composizione delle rocce che la NASA afferma provenire dalla Luna.
Da sinistra: Maxime A. Faget (del NASA Space Task Group), dott. Robert Gilruth (direttore del NASA Manned Spacecraft Center), Wernher von Braun, due giovani scienziati non identificati del misterioso Project Deep Freeze (geologi?). All'estrema destra, il dott. Ernst Stuhlinger, un altro scienziato tedesco che aveva collaborato con von Braun e venne portato negli USA dopo la Seconda Guerra Mondiale.
Per quale motivo alti funzionari della NASA e scienziati tedeschi naturalizzati statunitensi, esperti di missilistica, vennero inviati in Antartide poco prima degli sbarchi lunari della missioni Apollo?

provenienti dall'Antartide, o da altri luoghi, e la fase della falsificazione delle rocce lunari era forse la più facile sicché nessun geologo sarebbe stato in grado di confutare le affermazioni dell'ente spaziale visto che nessuna spedizione geologica ha mai raggiunto il satellite terrestre all'infuori della NASA.

Ma il risvolto che rendeva credibili le affermazioni governative era il totale controllo della stampa e dei mezzi di comunicazione di massa. Ai tempi, non c'era internet com'è avvenuto per il dopo 11 settembre 2001. I dubbi sulle missioni lunari faticarono ad affiorare impiegarono anni e sono emersi macroscopicamente proprio grazie alla "rete".

È pur vero che, per decenni, a Cuba si era insegnato nelle scuole pubbliche la falsità degli sbarchi ma, a livello mondiale, i mezzi di comunicazione di massa sono integralmente succubi della scienza americana della quale la NASA è la punta di diamante.

Difficile quantificare il numero di persone che fu effettivamente coinvolto nella cospirazione quali lavoratori negli studi, fotografi, registi, attrezzisti, sviluppatori e manipolatori delle immagini. A mio modo di vedere, non dovevano essere più di 200 o 300 gli addetti effettivamente informati al fine di garantire la ermeticità dell'operazione.

Negli anni recenti, i cospiratori hanno sentito il bisogno di mandare in scena dei "debunkers" (traducibile come "qualcuno che sfata un mito" o che "ridimensiona un fatto") il cui obiettivo

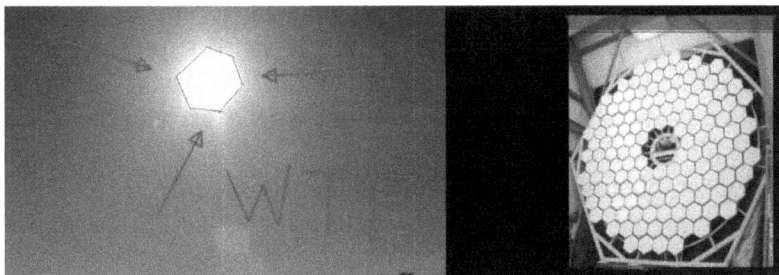

Figura 81: in anni recenti, è emerso un brevetto della NASA riguardo un "sole artificiale" (sopra). Il brevetto n° 3-239-660 fu depositato il 6 luglio del 1971 quando le missioni Apollo erano in piano svolgimento. Sarà una coincidenza, ma nelle immagini scattate controluce sulla Luna, si ha sovente la sensazione che l'astro che ci illumina abbia una forma vagamente esagonale!

è fare di tutto per affossare, negare, contrastare ogni supposizione, fondata o meno, sulle dichiarazioni della NASA. Alcuni di questi personaggi sono dipendenti della NASA stessa o lo sono stati in passato, comunque organici al governo americano. Tra i più noti, c'è Phil Plait, che gestisce il sito badastronomy.com, e che curiosamente si presenta come "scettico". Si tratta di una tecnica psicologica tesa a far credere ai babbei "web-dipendenti" che i mastini impiegati per il controllo sociale siano in realtà degli "increduli", degli "antibufala". Un altro personaggio del genere si chiama Jim Oberg, un giornalista e storico della conquista dello spazio che aveva annunciato, senza darvi seguito, la pubblicazione di un libro che avrebbe sbugiardato i sostenitori della burla lunare. In Italia, di noto, troviamo Paolo Attivissimo, giornalista e scrittore residente in Svizzera. Egli è anche membro del CICAP (Comitato Italiano per il Controllo delle Affermazioni sul Paranormale).

Un programma televisivo molto noto in America intitolato *Mythbusters* (L'acchiappamiti) ha dedicato una serie di puntate alle missioni Apollo nell'intento di dimostrare che le attestazioni circa le anomalie fotografiche delle immagini lunari sono scientificamente spiegabili.

Importante rilevare come i due sedicenti esperti chiamati a condurre la trasmissione siano Jamie Hyneman, presidente di un'azienda di effetti speciali cinematografici, e Adam Savage il quale è catalogato come mago e attore e nella sua vita ha svolto mille altri mestieri.

Entrambi si atteggiano a guru dell'astrofisica mentre si tratta evidentemente di uomini di spettacolo la cui attendibilità scientifica è radente lo zero.

Tali organizzazioni e simili personaggi costituiscono un campione adeguatamente rappresentativo di una serie di entità il cui scopo sembra essere di rinvigorire la gabbia senza sbarre che circonda l'opinione pubblica in modo che nessuno sfugga al controllo mentale che i poteri forti, attraverso questi individui, si prefiggono e ottengono. Una delle tante forme di tale "gabbia" è

Figura 82: a confronto le fotografie scattate durante la missione Apollo 11 e un fotogramma tratto dal film Capricorn One del 1978.

il continuo riferimento alle "fonti ufficiali" e alla "documentazione tecnica" che sono originate proprio da quelle organizzazioni che hanno perpetrato le frodi che s'intenderebbe smontare. L'incantesimo, anzi, il sortilegio consiste nel fare credere al grande pubblico che un evento sia realmente avvenuto solo perché sta scritto sui libri di Storia o è stato trasmesso per televisione in cronaca diretta.

La procedura della simulazione non si è certo conclusa con il termine delle missioni Apollo.

Prevede anche che. con il motivo del '"restauro conservativo", le immagini fisse e in movimento degli sbarchi vengano in qualche modo ritoccate da renderle più credibili e accettabili da una opinione pubblica globale sempre più consapevole verso le avventure extraterrestri della NASA. Analogamente a quanto avvenuto per certi film di fantascienza che, a distanza di decenni, sono stati attualizzati grazie alle potenzialità delle tecnologie del nuovo millennio. Tra i casi che mi vengono in mente, ci sono la prima trilogia di *Guerre Stellari* e *Blade Runner*.

Sorprendentemente, a proposito di cinema, non è avvenuta una massiccia celebrazione hollywoodiana del successo nella corsa alla Luna, forse nel timore che, come ad esempio per il recente film *Apollo 18*, le scene filmiche apparissero più realistiche di quelle "autenticamente" provenienti dalla Luna.

L'ultima trovata per tappare le sempre più grandi falle nella teoria degli sbarchi lunari consiste nella produzione di immagini contenenti presunti relitti delle missioni Apollo pretenziosamente fotografati dalla sonda LRO (Lunar Reconnaissance Orbiter).

"Poiché, ineluttabilmente, quando si comincia a mentire bisogna sostenere la menzogna fino in fondo" osservava Bill Kaysing, unanimemente ritenuto il fondatore del filone letterario sulla beffa della Luna[9].

---

9   La bugia è internazionale. Nel 2019, Israele e India, rispettivamente con la sonda Bereshit e Chandrayaan-2 col lander Vikram, hanno fallito gli allunaggi a pochi mesi di distanza l'uno dall'altra. Le navicelle hanno inviato a terra soltanto sparute immagini della Luna dallo spazio durante la fase di avvicinamento.

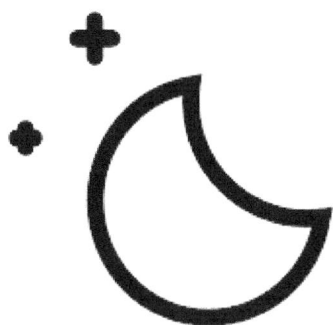

APPENDICE

Ralph Renè: A Great American Hero[10]

As with the loss of a close relative, the death of American writer Ralph Rene', leaves us "theorists" shocked and deeply saddened. Ralph was one of the most vocal and recognized experts of unravelling the Moon Hoax: the greatest scientific swindle of the 20th century, perhaps the greatest scam of all times in human history.

He wrote "NASA Mooned America" (1992) long considered the most leading, comprehensive and compelling book on the subject.

This book was defined "far superior" to "We Never Went To The Moon" by the author himself, Bill Kaysing who is considered the "father" of the "theory of the hoax".

On the 8th of December Ralph was severely injured in a car accident, which heightened the pain and worsened his previous debilitating condition.

On 10 December, not being able to withstand the pain any more, he took his life. He was 75.

He had waited for a badly needed operation that after years of arthritis had rendered him disabled. But his mal-practice insurers forced him, in league with his doctors, to be subjected to a "pre-operation stress test" that in his condition he could never pass. And thus he was denied a fundamental human right of access to medical care that would have ended his long suffering. A right that is freely given in many rich and poor world countries.

Dramatic irony.

Here we have the so called greatest democracy in the world that boldly swears that 12 of its citizens have walked on the moon between July of 1969 and December 1972, and yet today

---

10 Questo pezzo lo scrissi in occasione del semplice servizio funebre in memoria dello scrittore Ralph Renè. In ossequio alla sua ultima volontà, le ceneri furono affidate al mare lungo la costa del New Jersey, il 7 ottobre 2099. Lo scritto fu letto dall'amico Jarrah White durante la cerimonia. A seguire, la traduzione nella nostra lingua.

in 2009 this same country is not able to grant surgical care to another citizen despite having the necessary medical insurance. For those 50 million Americans without health insurance they will definitely need God on their side to work his miracles to prevent any sickness and ill health that they may endure in their future.

While the many astronauts as well as the movie actors that took part in this lie, have become multimillionaires, obtained university chairs and live in splendour and luxury in the green "Sea of Tranquillity" in Maine or Texas, their wealth affords them the luxury of access to medical care, with or without health insurance.

However theirs of longevity could be revealed worse than a true death. In the Gospel we read: *"For there is nothing covered, that shall not be revealed; neither hid, that shall not be known" (Luke 12,2)*.

Already the White House is tormented by the idea that someone can send automatic probes to the Moon and take photos of the surface. From these photos the truth that's waiting up there will emerge.

There is now another space race, this time between China and the United States. The Chinese are gearing up to get to the Moon by the year 2015. The US can't envision getting their till 2020. So the Obama administration wants to collaborate with the Chinese in an obvious attempt to interfere and slow down China's burning desire to get to the Moon. Nevertheless the hoax will be revealed sooner or later.

When the truth is revealed that America did not go the Moon, we will surely know we have been lied to, creating derision and anger in the street and for the surviving astronauts and NASA only shame.

We all would have hoped Ralph Rene' had resisted till that moment, maybe near, because in 2009 it recurs the 40th anniversary of the Hoax. And after 40 years the classification of the "top secret" documents expires. Then, the entire moon operation including the films can all be revealed, the analysis of which will carry some surprise. Assuming they have not been "lost"; as many know, the original films "disappeared" from the NASA archives in the summer of 2006 and have never been retrieved

Rest In Peace Ralph Rene, great American Hero, no more shall you suffer in body, but we are with you in spirit.

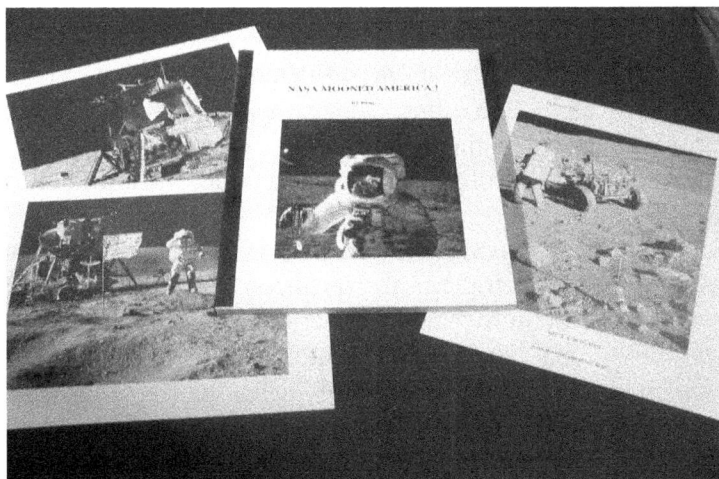

*Figura 83: il libro auto-pubblicato "NASA Mooned America!"
scritto da Ralph Renè nel 1992.*

*Ralph Earnest Cascarelli René
(24 agosto 1933 – 10 dicembre 2008)*

Figura 84

Ralph Renè: un eroe americano

Come la perdita di un parente stretto, la morte dello scrittore americano Ralph Renè, lascia noi "teoristi" profondamente rattristati. Ralph era uno degli esperti maggiormente riconosciuti della "beffa della Luna", la più grande burla scientifica del XX secolo, forse la più grande di tutta la storia umana.

Scrisse *NASA mooned America!* (1992) considerato un caposaldo, il più completo e convincente libro in materia. Il suo libro fu definito "molto superiore" a "Non siamo mai andati sulla Luna" dallo stesso autore, Bill Kaysing, che è unanimemente considerato il "padre" della "teoria della beffa". L'8 dicembre Ralph rimase gravemente ferito in un incidente stradale, che accentuò il suo dolore all'anca e peggiorò le sue precedenti condizioni disabilitanti.

Il 10 dicembre, non riuscendo più sopportare il dolore, si è tolto la vita. Aveva 75 anni.

Attese invano per un'operazione chirurgica di cui aveva grandemente bisogno, perché dopo anni di artrosi era divenuto disabile. Perchè i suoi assicuratori di malaffare, in combutta con i suoi dottori, lo costrinsero sottoporsi a un test di "stress preoperatorio" che nelle sue condizioni non avrebbe mai potuto superare. Così gli fu negato un fondamentale diritto umano di accesso a cure mediche che avrebbero posto fine a una lunga sofferenza. Un diritto che è garantito in molti stati ricchi o poveri del mondo.

Drammatica ironia.

Ecco che abbiamo la cosiddetta più grande democrazia del mondo che baldanzosamente spergiura che 12 suoi cittadini hanno camminato sulla Luna tra il luglio 1969 ed il dicembre 1972, ed oggi nel 2009 lo stesso paese non è in grado di assicurare cure chirurgiche ad un suo cittadino pure in possesso di assicurazione sanitaria. Per i 50 milioni di americani privi di copertura sanitaria il bisogno di affidarsi a Dio affinché avvenga il miracolo di evitare malattie e cattiva salute in vita. Mentre i molti astronauti, che come attori di cinema presero parte alla menzogna, sono divenuti multimilionari, ottenute cattedre universitarie, e vivono nello splendore e nel lusso nel verde "Mare della Tranquillità", nel Maine o in Texas, la loro ricchezza gli consente di permettersi tutte le cure sanitarie, con o senza assicurazione sanitaria.

Tuttavia, la loro longevità potrebbe rivelarsi peggiore della morte. Leggiamo nel Vangelo: *"Non c'è nulla di nascosto che non sarà svelato, né di segreto che non sarà conosciuto" (Luca 12,2).*

Già la Casa Bianca è ossessionata dall'idea che qualcuno possa mandare delle sonde automatiche sulla Luna a scattare foto della superficie. Dalle quali emergerebbe la verità che sta aspettando lassù.

Un'altra corsa allo spazio è in svolgimento, stavolta tra USA e Cina. I cinesi stanno lavorando per raggiungere la Luna entro il 2015. Gli USA prevedono di arrivare non prima del 2020. Così l'amministrazione Obama cerca collaborazione con i cinesi nell'ovvio tentativo di intromettersi e rallentare l'ardente desiderio cinese di raggiungere la Luna (1). Ciò nonostante la beffa alla fine sarà svelata.

Quando si conoscerà che l'America non è mai andata sulla Luna sapremo con certezza chi ci avrà mentito creando derisione e rabbia per le strade, vergogna per la NASA e gli astronauti sopravvissuti.

Noi tutti avremmo sperato che Ralph Rene' avesse resistito fino a quel momento, forse vicino, perché nel 2009 ricorre il 40° anniversario della "beffa". Dopo 40 anni termina il "segreto di stato" sui documenti dell'evento. Allora l'intera questione della Luna potrebbe condurre a qualche sorpresa non esclusi i filmati. Sempre se non li hanno "persi"; come molti sanno, i filmati originali "scomparvero" dagli archivi NASA nell'estate del 2006 e da allora mai più ritrovati (2).

Riposa in Pace Ralph Rene'. Grande Eroe Americano, senza più sofferenze nel corpo, per noi un dolore nell'animo.

Figura 85: notate la "lettera C" sulla roccia nell'immagine AS16-107-17446 (in basso a sinistra). A Ralph Renè, dobbiamo lo studio della "roccia C" nel suo libro NASA mooned America!, per il quale tentò inutilmente di ottenere dalla NASA una copia della fotografia ad alta risoluzione per esaminarla. I suoi tentativi furono vani finché gli fornirono una copia in cui la "C" era scomparsa.

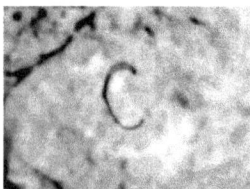

Figura 86

la NASA sancisce che la "C" è un artefatto introdotto durante la duplicazione della fotografia originale. Dato che solo la NASA può visionare l'originale, non ci è possibile verificare se l'elusiva "C" sussista anche sulla pellicola primigenia oppure no.

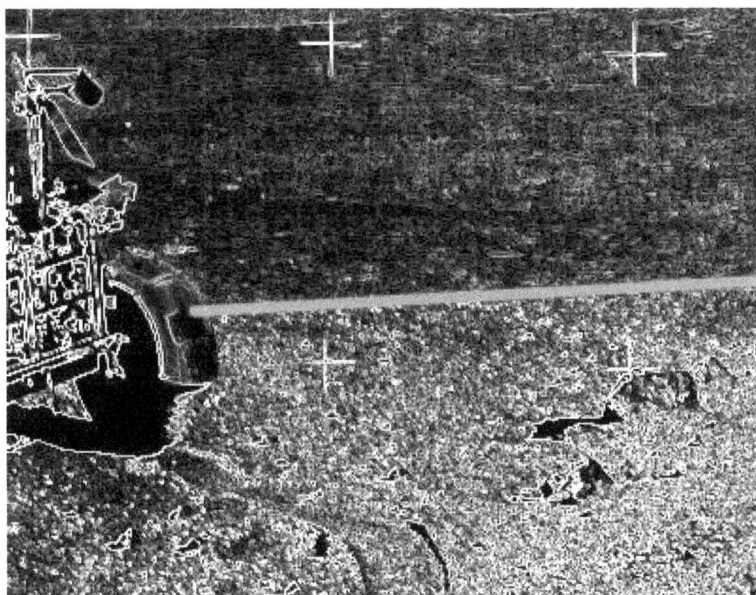

Figura 87: l'immagine AS16-107-17446 è interessante anche per un altro motivo: sottoposta a trattamento digitale evidenzia una discontinuità retta del terreno che da la sensazione di un fotomontaggio. Sotto: la spiegazione per questo fenomeno.

Uno schizzo di Sotiris Sofias, disegnato appositamente per "la Luna di carta". Questa scenetta rappresenta una scenografia lunare molto credibile.

Disegno 2

139

INTERVISTE ESCLUSIVE PER "LA LUNA DI CARTA"

Avevo cullato a lungo l'idea di rendere in una trasmissione radio i miei convincimenti sulla Luna. E così, nella primavera del 2009 grazie alla web radio Yastaradio dell'amico **Roberto Dal Seno**, *ho condotto "La Luna di Carta" in 10 puntate. Ecco l'elenco dei titoli degli episodi e data della diretta web. In preparazione al programma radiofonico, avevo registrato alcune interviste delle quali di seguito riporto trascrizione e traduzione in italiano. Per motivi di praticità, le interviste a Wil Tracer e Ralph Renè furono condotte in mia vece da Jarrah White, giovane cineasta. La conversazione con Sotiris Sofias l'ho effettuata personalmente. Le interviste hanno temi che vertono in particolare sulla reazione dell'opinione pubblica mondiale all'eventuale scoperta della beffa e sul ruolo di alcuni personaggi che cercano di smontare le ipotesi cospiratorie.*

ELENCO DEI TITOLI E DATA DELLE PUNTATE:

1) CHI HA BISOGNO DI UNA TEORIA COME QUESTA? (11 marzo 2009)

(WHO NEEDS A THEORY LIKE THAT?)

Introduzione alla teoria della "beffa della Luna", radici storiche nella cornice della "guerra fredda" e lo scontro tra i blocchi. Perché nel 2009 questa teoria è di attualità?

2) L'ALTIPIANO DI FRA' MAURO

(18 marzo 2009)

(FRA MAURO HIGHLANDS)

Questa puntata tratta del rapporto delle imprese spaziali, vere o presunte, con il mondo del cinema in particolare con i film "2001 Odissea nello spazio" e "Apollo 13".

3) IL PADRE ED IL NIPOTE

(25 marzo 2009)

(THE FATHER AND THE GRANDSON)

Questa puntata è dedicata a Bill Kaysing, padre della teoria della beffa, autore di "Non siamo mai andati sulla Luna", e un'intervista esclusiva a Jarrah White, collaboratore della trasmissione, e giovane filmaker australiano. Io sono l'autore del Bill Kaysing tribute website, www.billkaysing.com .

4) "RALPHSUPERMAXIEROE"

(1 aprile 2009)

("THE GREATEST AMERICAN HERO")

Questa puntata è imperniata sull'intervista, esclusiva per questa radio, a Ralph Rene', probabilmente il maggiore esperto della beffa, recentemente scomparso, autore, tra gli altri, del libro "NASA Mooned America".

5) INFRANGERE IL BUON SENSO

(8 aprile 2009)

(BREACHING THE COMMON SENSE)

In questa parte una presentazione delle "prove" meno evidenti ma forse più realistiche del fatto che lo sbarco sulla Luna fu davvero una colossale messa in scena.

6) LA LUNA MISTERIOSA

(15 aprile 2009)

(MYSTERIOUS MOON)

Puntata dedicata all'intervista con lo scrittore greco Sotiris Sofias, autore di numerosi libri di successo in Grecia tra cui "Il Mistero della Luna", esperto dei misteri del satellite naturale terrestre.

7) UN PUGNO DI ROMANTICI

(22 aprile 2009)

(A BUNCH OF ROMANTICS)

Puntata dedicata alla cerchia dei ricercatori della verità, viventi o scomparsi, sullo sbarco sulla Luna e all'impatto mediatico della teoria. Intervista esclusiva con Wil Tracer.

8) LA GALASSIA DEGLI INCREDULI

(29 aprile 2009)

(THE GALAXY OF SKEPTICS)

Puntata dedicata alle numerose celebrità che pubblicamente hanno dichiarato di non credere agli sbarchi sulla Luna, come l'attrice francese premio Oscar Marion Cotillard. Alcuni misteriosamente morti come Andy Kaufmann.

I Speciale: UNA ROSSA SCIA DI SANGUE

(6 maggio 2009)

(A RED TRAIL OF BLOOD)

Puntata speciale dedicata all'intervista con il dottor Achille Judica Cordiglia, esperto di imprese spaziali misteriose in particolare effettuate dall'ex Unione Sovietica.

II Speciale: TRIBUTO A BILL KAYSING

(13 maggio 2009)

(A TRIBUTE TO BILL KAYSING)

Puntata speciale dedicata alla figura di scrittore di Bill Kaysing, imperniata sull'intervista alla figlia Wendy Lynn Kaysing.

Intervista a Wil Tracer, webmaster del sito www.MoonMovie.com

J. W.: *Prima di tutto, grazie per quest'intervista, ci può raccontare qualcosa della sua vita e del suo lavoro e di com'è entrato nel movimento che sostiene la conquista della Luna sia stata una beffa.*

W. T.: Quando ero ragazzo, ero un grande "tifoso" della NASA, difatti avevo nei miei progetti di impiegarmi alla NASA che, si sa, è nei sogni di quasi tutti i ragazzini. Io m'interessavo di astronomia e mi guardavo tutti i lanci dello Shuttle e delle missioni Apollo anche se ero molto piccolo allora. Ma niente m'impressionò, fuori dall'ordinario, un giorno, avrò avuto sette

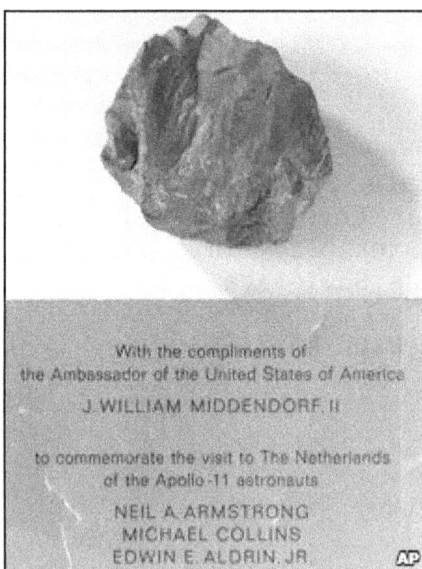

Figura 88

La presunta roccia lunare esposta per decenni nei Paesi Bassi al Rijksmuseum di Amsterdam. (a sinistra) Nell'estate del 2009, una "pietra lunare" portata sulla Terra con il primo allunaggio fu rivelata comeessere un pezzo di legno pietrificato. La roccia era stata donata all'ex primo ministro olandese Willem Drees dagli stessi tre astronauti dell'Apollo 11 subito dopo il loro rientro dalla Luna.
Alla morte dell'uomo politico, la pietra fu esposta presso il Rijksmuseum il quale, tra l'altro, espone anche quadri di Rembrandt. Pare, in vero, che il reperto fasullo fosse stata regalato alla regina d'Olanda che non lo accettò. Come mai?
La direzione museale ha deciso di tenersi la falsa pietra lunare come curiosità. Gli Stati Uniti non hanno dato una spiegazione ufficiale allo strano episodio.

anni, o giù di lì, e vidi un ritaglio di giornale, non mi ricordo se era dell'epoca o se lo avessi letto tempo dopo la pubblicazione, e c'era un articolo sulla NASA, con foto che ritraeva un signore di colore che ne parlava, che aveva appena assistito alla partenza di una missione Apollo e diceva di avere più di cento anni. La fotografia m'incuriosì e cominciai a leggere l'articolo e il signore disse che non erano mai andati sulla Luna e che non ci sarebbero mai andati. La sua convinzione mi suonò alquanto bizzarra.

Ora, uno può dire che egli fosse confuso, e dovuta all'età la sua affermazione, però durante il resto della conversazione mi era sembrato lucido e la sua asserzione mi sembrò ancora più strana. L'alternativa era che quel signore avesse un atteggiamento mentale che noi, come americani, abbiamo in qualche modo perso. Era uno prima di tutto scettico e dubitava del nostro governo che è ciò che i nostri padri fondatori ci hanno insegnato, a essere guardinghi nei confronti del governo centrale. In ogni caso, la cosa mi passò di mente e proseguii il mio percorso scolastico raggiungendo il college e m'iscrissi a ingegneria aerospaziale, sempre nella speranza di lavorare per la NASA, infatti, ho degli amici che ci lavorano. Comunque, proseguendo gli studi imparai cose cui non avevo mai pensato prima su come gira il mondo. Iniziai un corso in cui imparai cose piuttosto importanti da un signore chiamato Hegel, dalla Germania, forse voi lo conoscete. Egli costruisce delle ipotesi su come gira il mondo e su come funzionano le cose in una serie di eventi che qualcuno di voi potrebbe definire dialettica, ma ritengo che lui lo chiamasse uno "schema". Per un evento che sia, lasciatemelo dire, lui dice che avviene in modo naturale ma certa gente è capace di gestire l'informazione e manipolare la Storia e una cosa che viene in mente che c'azzecca è l'Operazione Sporco Trucco e spiegherò in un attimo alla gente di che cosa si tratta. Il movente era di creare un qualche genere di crisi, e di questa crisi, creata ad arte, viene falsamente incolpato qualcun altro in modo da giustificare una guerra.

Andando avanti, stordire la gente con un'Operazione Sporco Trucco [Operation Dirty Trick], lei ne sa più di me.

J. W.: *In pratica, si trattava di incolpare Cuba e Castro della possibile morte di John Glenn durante una missione e giustificare una guerra a Cuba, in parole povere.*

W. T.: Sì. Comunque io andai avanti e ci furono alcune cose che venni a sapere che mi fecero pensare e andare avanti con le mie investigazioni e non prendere tutto ciò che ci viene raccontato per vero verificando gli scenari sulla falsariga di Bill Kaysing, a proposito, grazie al sito www.billkaysing.com per questa intervista.

J. W.: *Anche a lei.*

W. T.: Lui non credeva a ciò che dice il governo e conduceva le sue opportune ricerche. Ma, al tempo, quando finii il college, entrai nel mondo del lavoro e iniziai la mia attività imprenditoriale continuando a lato con le mie ricerche. Vendevo pubblicità, pubblicità per le radio in internet e incappai nel sito di Bart Sibrel senza cercare niente li dentro, stavo solo cercando un cliente. Inviai una richiesta, se loro avessero avuto interesse a fare pubblicità sul nostro circuito di radio online. Così dalla prima email, alla quale rispose, cominciammo a tenere un epistolario. E col tempo, quel signore mi sfidò a investigare sugli sbarchi lunari, e mi disse noi abbiamo quattro film e voglio che tu li guardi e li analizzi e mi dici cosa ne pensi, dopodiché scrivi e ti pagherò per questo, infatti, scrivendo giù le incognite rilevate nei film e, dopo un periodo, ciò avvenne.

J. W.: *Lei pensa che si stia avvicinando il memento in cui la beffa sarà scoperta?*

W. T.: No, ed ecco il perché. Noi abbiamo avuto l'assassinio di Kennedy e, da allora, sono state fatte talmente tante congetture ma i documenti veramente segreti rimangono tali e chissà quando verranno resi pubblici, forse mai. Noi poi abbiamo anche le morti dei tre astronauti dell'Apollo 1 per cui ci sono informazioni della massima segretezza che devono ancora essere rivelate alle famiglie. E c'è anche un terzo motivo che, io non penso che i documenti riservati saranno mai resi noti, la cosa principale ritengo, stiamo entrando in un'epoca in cui le cose sono totalmente manipolate con la tecnologia CGI, riescono a fare film in cui mostrano scene che uno definirebbe reali alla visione ma che nulla hanno a che fare con la verità. È solo uno schermo verde dietro l'attore. Ritengo che stiamo raggiungendo il punto i cui la vera informazione diviene scarsa. Penso anche che le missioni lunari furono con tutta probabilità un paravento per ottenere fondi per armi spaziali e questo vale anche per l'oggi.

J. W.: *A suo parere, quale sarebbe la reazione dell'opinione pubblica mondiale alla scoperta che gli allunaggi sono stati simulati?*

W. T.: Beh, ritengo che la comunità scientifica rigetterebbe l'idea per forza di cose, altrimenti i suoi finanziamenti sarebbero tagliati. Ma per quanto riguarda il pubblico comune, per quanto ne sappiamo, ci sono diversi eventi, negli ultimi 10-15 anni per i quali l'opinione pubblica si dovrebbe svegliare, che noi non possiamo sempre avere fiducia nel nostro stesso governo. Così ritengo in USA la reazione sarebbe di apatia. Penso che in giro per il mondo probabilmente in paesi come l'Italia ci sarebbe un effettivo moto di protesta perché esiste ancora un atteggiamento mentale di diffidenza e insicurezza il che è salutare. Ho viaggiato in Medioriente negli anni 80 e divenni amico di una famiglia del luogo e una delle prime domande che mi fecero era se io appartenevo alla CIA, anche se pensiamo che ero solo uno studente li. Ma questo è il tipo di atteggiamento che non trovi negli Stati Uniti, non saprei in Australia, ma ritengo in Italia ci sia questa consapevolezza in cui non si crede a tutto ciò che ci viene raccontato. Così ritengo voi avreste una reazione salutare alla notizia.

J. W.: *Naturalmente ci sono molte altre nazioni che stanno andando sulla Luna, ora abbiamo Giappone, abbiamo la Cina e naturalmente abbiamo l'India. Lei ritiene che questo possa aiutare a fare emergere la beffa della Luna?*

W. T.: No, neanche se l'agenzia spaziale fosse privata… perché c'è sempre una qualche forma di manipolazione alla base, poiché non c'è nessuno in grado di fermarli, infatti, non conosco neanche l'uno percento di quanto sto per dire ma, da quello che posso capire, guardavo qualche mese fa in filmato della JAXA dell'Earthrise, come lo chiamano, ripreso dalla Luna…

J. W.: *La sonda senza uomini a bordo dei giapponesi che orbita ora attorno alla Luna…*

W. T.: Selene.

J. W.: *Sì.*

W. T.: Sì, giusto… e la pellicola sembra essere un falso in termini di Terra che sembra essere piazzata li, per due ordini di motivi. Uno è che le ombre non corrispondono con la linea del terminatore terrestre, le riprese dalla Luna non collimano con la linea del terminatore della Terra. In secondo luogo, la Terra sembra "tramontare" a una velocità maggiore di quanto dovrebbe essere. Non so, è possibile che i fotogrammi della Terra siano stati alterati dopo la pubblicazione. Mi è stato detto che le sequenze della telemetria possono essere artefatte. In ogni momento in cui hai qualcosa sotto controllo, l'informazione controllata da un piccolo gruppo d'individui è facile gestire l'informazione e alterarla. Tale fu il caso delle missioni Apollo, i cui filmati furono interamente sotto il controllo del governo, audio controllato dal governo, non fu possibile una copertura indipendente dell'evento, se fosse stato possibile, avrebbero trovato il modo di impedirlo. Lei sa la Cina, è un dato di fatto, è un paese totalmente controllato. Il commercio forse no, ma dal governo stesso non ci sarà niente, nessuno smascheramento degli USA per ciò. Ora, quella dell'India è una sortita interessante, è comunque un alleato degli USA, sappiamo dalla storia recente che certe operazioni sono state portate avanti assieme. Suppongo che se l'India supportasse certe notizie, esse non andrebbero lontano fuori dall'Asia perché l'India non ha la preminenza di Giappone o Cina. Suppongo che se un'affermazione non è supportata da prove ben fondate la cosa verrebbe subitamente abbandonata se non incontra, se non si adatta allo status quo.

J. W.: *Lei si è mai sentito minacciato da un qualche organismo governativo od organizzazione privata come conseguenza della sua attività di ricerca sulla beffa lunare, si è mai sentito minacciato?*

W. T.: No, per niente. Non ho mai fatto questa esperienza, spero di non farla mai. Se hai un sito web che oggi è una necessità, i tuoi dati possono essere salvati in una "chache" e l'informazione è disponibile... beh, io ho un sito web per te Jarrah sull'Apollo 1, è successo che Scott Grissom ha chiesto un indagine per la morte del padre Gus a Langley [NASA] a causa dell'incendio del 1967 ed ha scoperto che un interruttore era stato manomesso e una placca metallica era stata posta dietro l'interruttore. Così ho cercato in giro questa informazione attraverso i collegamenti di questo sito... e giusto ieri ero andato su una pagina web ed era completamente sparita, di conseguenza ho dovuto cercare a fondo in un altro sito le cose che volevo. Ritengo sia una cosa strana. L'ho fatto una settimana o due fa e all'improvviso non era più li.

J. W.: *C'è un po' di gente che si occupa di cospirazione lunare, ritiene qualcuno dovrebbe avere posto in un'ipotetica "hall of fame", l'olimpo dei cospirazionisti?*

W. T.: Suppongo che ci dovrebbero essere. Non saprei se io sono uno di loro, ma le dirò chi penso io, Bill Kaysing. Il sito www.billkaysing.com sarebbe d'accordo con me su questo. E anche Bart Sibrel giusto per la sua accidentale scoperta di materiale filmato in cui gli astronauti simulano di essere distanti dalla Terra. E naturalmente Ralph Renè meriterebbe un posto dentro. Io ritengo pure Jack White anche se non so molto di lui, per le sue analisi fotografiche, ha fatto molto in quel campo.

J. W.: *Ora una domanda da un milione di dollari, i cosiddetti "debunker", o come li chiamo io, "i propaganti" come Jim Oberg, Jay Windley, Phil Plait eccetera, lei li mette nel novero di gente che agisce per conto proprio oppure sono pagati per screditare le teorie cospirazioniste?*

Figura 89: Virgil Ivan Grissom detto "Gus" era nato il 3 aprile 1926. Perì nel rogo dell'Apollo 1 il 27 gennaio 1967 assieme ai suoi due compagni. L'incidente forse indusse la NASA a simulare lo sbarco sulla Luna rendendosi conto che l'impresa sarebbe stata troppo arrischiata. Poco prima di ardere vivo all'interno della capsula, Grissom disse al centro di controllo.: "Dico io, ma come c'arriviamo sulla Luna se non riusciamo a tenere le comunicazioni tra due o tre edifici?" ("I said, how are we gonna get to the moon if we can't talk between us from two or three buildings?"). La teleselezione telefonica, in Italia ma anche in America, fu completata solo negli anni '70 con l'utilizzo di centralini digitali. Il 23 aprile 1977, da noi, venne avviata la numerazione telefonica con prefissi a tre cifre su base geografica.

W. T.: Beh, sappiamo che Phil Plait è un dipendente della NASA, così possiamo dire che lui trae stimolo *da quello*. Così non penso, ben rispondendo alla sua domanda, che lo sapremo realmente. Ritengo fossero gli anni '70 fu avviata l'operazione Uccello Beffardo con cui la CIA intendeva usare giornalisti di diversi settori per influenzare la società e portare avanti ciò che volevano loro, portare avanti i loro progetti. La cosa va avanti tuttora, lo sappiamo. Lo so per certo da gente che ho incontrato, da persone da cui ho sentito ciò. Le faccio un esempio. Una ragazza va a un party a Hollywood, okay, questo che le racconto è vero, lei sente della cose... riceve una email... riceve delle email che le dicono di andare ad un certo party a Hollywood. Le dicono in sostanza noi vogliamo scoprire tutto quello che sai, ascoltare e riferire tutto quello che ha scoperto inviando un email. Lei torna a casa dopo il party e riferisce tutto quello che ha sentito quella sera, che ricorda su ognuno dei partecipanti. Riceve un assegno da fonte anonima ogni volta che fa quest'operazione. Questo è il modo come funzionano le cose. Questo è il modo in cui funziona il nostro mondo. Sin dagli anni '40 la CIA che allora era l'OSS, la CIA è stata pensata non come un'organizzazione per proteggere il popolo americano ma piuttosto le multinazionali e le élite bancarie degli USA[11]. Va bene che il paese non consentisse, non accettasse le bugie dal governo, loro andrebbero avanti, rovescerebbero lo stato insediando un dittatore o un loro leader di loro gradimento. Questo si è realizzato con Saddam Hussein, per esempio. Lui era un burattino degli USA una volta. Quando era? In ogni caso, ritornando alla sua domanda, sappiamo che ogni genere di operazione esiste e non c'è narrazione su cosa Windley o Plait o Jim Oberg stiano facendo. Tuttavia, sappiamo che Oberg di recente è stato coinvolto direttamente nel licenziamento di un signore alla NASA che sovraintendeva alle fotografie dell'era Apollo all'epoca, qual è il suo nome?

J. W.: *Ken Johnston.*

W. T.: Sì, Ken Johnston, grazie, e si è vociferato che Oberg sia stato un agente della CIA ed è certamente un ex NASA, se non sbaglio. Lui è il signore che era stato assunto per scrivere un libro allo scopo di smontare la teoria della beffa della Luna. E Jay Windley e gente come lui che per diciamo 15 mila dollari al

---

11 Esiste, tuttavia, una corrente di pensiero secondo cui tutta la conquista dello spazio è stata inscenata inclusi gli incidenti a terra dell'Apollo 1 in cui sarebbero periti i tre astronauti Grissom, Chafee e White.

mese, e io ho sentito anche 50 mila dollari per scrivere tale libro. Ma la cosa è rientrata. Però nell'articolo che cito nel mio sito www.moonmovie.com , lui ha ottenuto finanziamenti per il suo libro da fonti alternative. Qual è la fonte "alternativa", con o senza virgolette? Si possono solo fare congetture su di ciò. Ci starebbe che sia una qualche agenzia governativa, ma non sappiamo quale. Ritengo che di questi tre personaggi, Jim Oberg sia il più candidabile per essere al soldo della Nasa, un agente disinformatore, come lo si potrebbe definire.

J.W.: *In ultimo, abbiamo contattato lei tramite il sito www.moonmovie.com . Qual è la sua attinenza con questo sito internet?*

W. T.: Questo ha a che vedere con ciò che ho detto prima circa il fatto che fui ingaggiato per investigare sugli allunaggi e, successivamente, coinvolto nella promozione del sito attraverso otto film che ho prodotto e tutti e otto i film sono basati sul lungometraggio di Bart Sibrel "Astronauts gone wild" in cui lui si presenta di fronte a nove astronauti e confronta le loro affermazioni sulla loro esperienza di astronauti delle missioni lunari. Così, essendo stato assunto per fare questi filmati, mi appassionai e, poiché Bart da allora si è defilato dal dibattito, io ho preso il suo posto nel gestire il sito e portare avanti le ricerche ed il movimento. Io sono il webmaster del sito e mi occupo di *www.moonmovie.com* e gestisco anche un altro sito *www.moonhoax.us* che contiene più collegamenti e ricerche, infatti, ospita anche i tuoi film Jarrah sulla prima pagina, tutti possono andare a controllare.

J.W.: *Grazie.*

Figura 90: John F. Kennedy.

Il presidente degli Stati Uniti John Fitzgerald Kennedy fece visita al campus dell'università Rice a Houston in Texas il 12 settembre 1962, dove tenne un discorso (foto a lato) sul National Space Effort (Iniziativa Spaziale Nazionale). In quell'occasione, diede il via alla "corsa alla Luna" citando i progressi scientifici come evidenza che l'esplorazione spaziale era inevitabile argomentando che gli Stati Uniti avrebbero dovuto primeggiare nella gara verso il cosmo allo scopo di mantenere l'egemonia mondiale. Con la sua oratoria carismatica, quel giorno il presidente americano, che fu assassinato dopo poco più di un anno, dettò le linee guida del programma spaziale americano incentrato sulla conquista della Luna. Ecco la parte pregnante del suo discorso dedicata all'argomento: "Non vi è alcun contrasto, nessun preconcetto, nessun conflitto nazionale nello spazio, per ora. I suoi rischi lo rendono a tutti ostile. La sua conquista merita il meglio di tutta l'umanità, le cui opportunità di cooperazione pacifica potrebbero non ripresentarsi. Ma perché, qualcuno dirà, la Luna? Perché preferire questo come nostro obiettivo? E costoro potrebbero allora chiedersi a buon diritto perché scalare le montagne più alte? Perché, 35 anni fa, trasvolare l'Atlantico? Perché la Rice gioca con la Texas? Noi scegliamo di andare sulla Luna. Noi scegliamo di andare sulla Luna entro questo decennio, e poi altre cose, non perché siano facili ma perché sono difficili, perché quell'obiettivo ci servirà come organizzazione e misura delle nostre migliori energie e capacità, poiché quella è una sfida che siamo disposti ad accettare, non siamo disposti a rimandare, che intendiamo vincere. Così come le altre. E' per queste ragioni che io tengo in considerazione la decisione dello scorso anno di rendere prioritaria la conquista dello spazio, tra le decisioni più importanti della mia permanenza in carica come presidente."

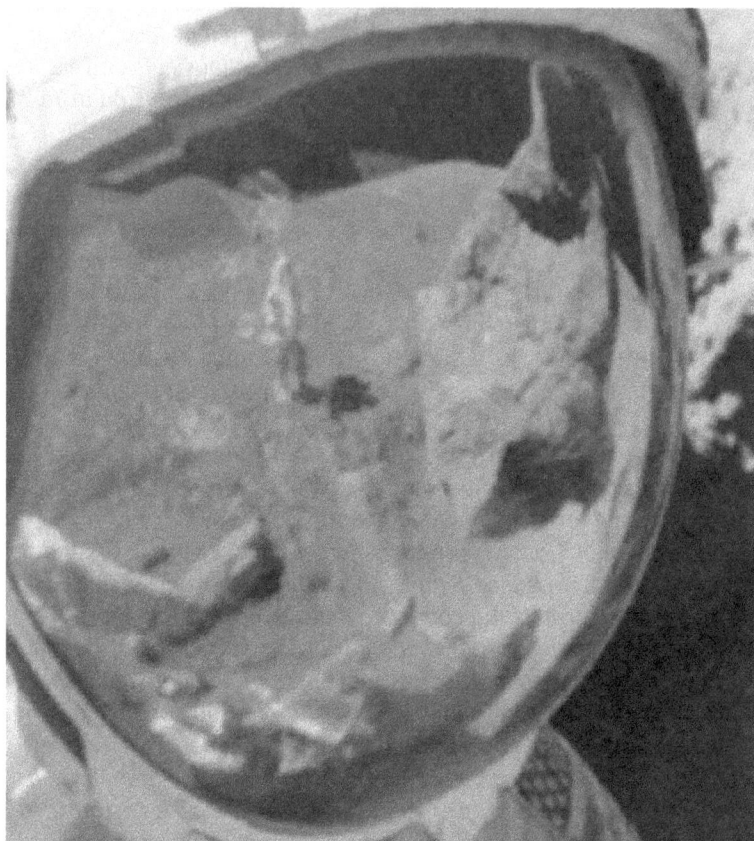

Figura 91: particolare dell'immagine AS17-141-21608. Si ha l'impressione che una persona in camicia e jeans, con indosso casco e stivali "lunari" ma senza tuta spaziale e "zaino" (sistema di supporto vitale) sulle spalle, sia riflessa nella visiera. Oppure si tratta di una semplice illusione ottica? David Percy, cineasta inglese, sostiene la teoria secondo la quale coloro che realizzarono materialmente la burla tentarono di inserire indizi ermetici nella loro produzione.

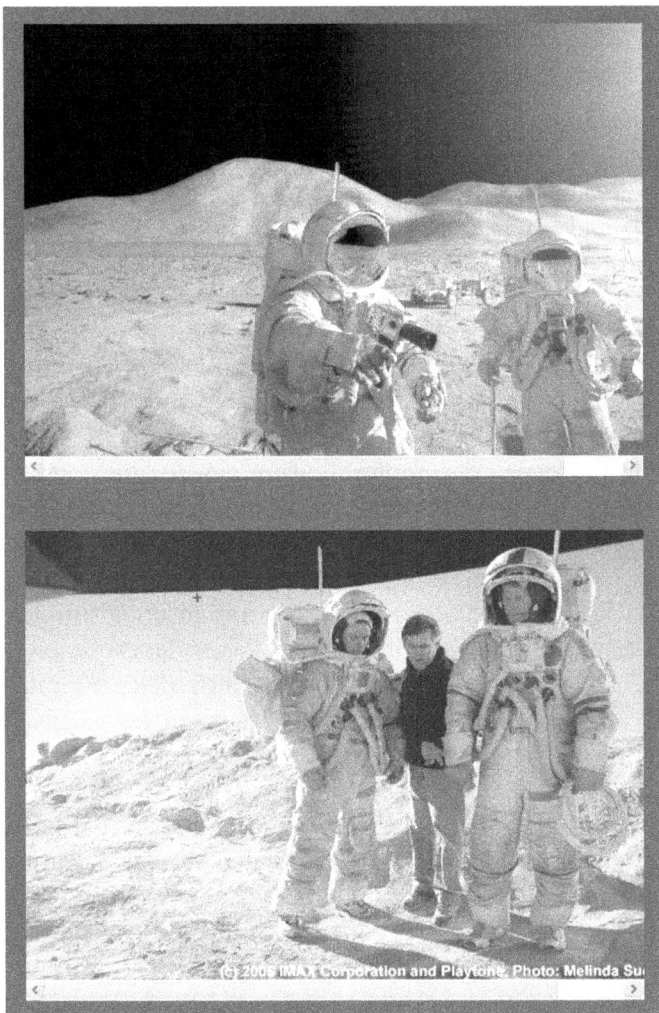

Figura 92: con la tecnica dello "schermo verde", come esemplificato sopra, già disponibile negli anni '60, si potevano tranquillamente simulare i riflessi nelle visiere dei caschi, la profondità dei paesaggi e il riverbero della luce solare.

Intervista a Ralph Renè, autore di "NASA Mooned America!"

J. W.: *Prima di tutto, grazie per quest'intervista, ci può raccontare qualcosa della sua vita e del suo lavoro e di com'è entrato nel movimento che sostiene la conquista della Luna essere stata una beffa?*

R. R: Ricevetti la lettera dalla Rand Corporation. Dunque, al tempo non sapevo che si trattasse di una copertura della CIA. Tutto quello che sapevo era che si occupava di ricerca e sviluppo e loro mi appellarono "Oh, Signor Inventore... Illustre Inventore" o parole simili perché allora ero membro del MENSA la società per chi ha un elevato QI [quoziente d'intelligenza, ndt] e avevo depositato un paio di brevetti da loro e mi chiesero "Le capita di avere qualche idea gratuita per la povera vecchia NASA riguardo allo spazio?". Io risposi "Oh, ok, sicuro" e così mi feci venire in mente tre o quattro cose di cui non tenni nessuna ricevuta come invece avrei dovuto e mandai le mie cose alla Rand Corporation come mi era stato richiesto. E io non ebbi più notizie di loro, neanche un grazie, niente. Un paio d'anni dopo mi trasferii dalla Florida e mi ritirai verso nord nel Jersey e mi trovai in mano una strana pagina di un luccicante libretto di grande formato edito da un ufficio governativo che riguardava la NASA. Così comincia a sfogliarlo e a pagina A51 in appendice saltò fuori il mio nome giusto in mezzo ad una pagina piena zeppa di altri nomi ed era li. Se ho capito bene, il nome era stato inserito per via di almeno una delle mie idee, che avevo inviato a suo tempo, che aveva superato tre selezioni in sequenza da parte di tre comitati differenti. Va bene, che non ne seppi niente da loro su questo, solo avevano impiegato il mio nome, leggendo il libro, prima ancora di vedere il mio nome, capii che si trattava di una proposta per una missione su Marte e a quel tempo avevo già cominciato ad avere seri dubbi che fossimo mai andati sulla Luna. Io trovai il mio nome li dentro nel libro come un suggerimento, e dico che ci credereste, quei figli di puttana stavano sfruttando il mio nome per promuovere i loro programmi. Così guardai alcune immagini li dentro e il giorno dopo, credo di mattina presto, ritornai alla biblioteca e portando a casa una dozzina di libri scritti in un modo e nell'altro dagli astronauti coinvolti o altra gente, uno si chiamava Hurt, e ogni tipo di autori. Sedetti e cominciai a leggere. E naturalmente, era così, non avevo intenzione di scrivere un libro ma avevo già scritto "The Last Skeptic of Science" (L'ultimo incredulo della scienza) e quando lo presentai, tutti mi domandarono "Perché non ci sono note a piè di pagina?", io risposi che alcune cose erano talmente lampanti, lo sai, ci sono stato dietro per 20 anni, di conseguenza perché avrei dovuto aggiungere delle note a piè di pagina? Beh, nessuno ha intenzione di crederti, se non aggiungi note a piè di pagina. Mi ci vollero tre mesi per rileggere ogni cosa che avevo scritto. Si trattava di un periodo di tempo di 20 anni e quando reperii le fonti riuscii a mettere dentro le note a piè di pagina. Così in quel lasso di tempo, mentre mi occupavo delle note da inserire, più leggevo libri e più mi convincevo solidamente che non erano andati da nessuna parte.

J. W.: *Va bene.*

R.R.: E pensai solamente ad alcune dichiarazioni degli astronauti palesemente ridicole e quando ebbi finito, chiamai Bill Kaysing, di cui avevo letto il libro due anni prima, e gli dissi "Bill, tu non sai cosa ho tirato fuori qui" e blah blah blah. E lui disse "Perché non lo scrivi tutto in un libro e non lo pubblichi?". Io dissi "Ok". Così mi misi a sedere e cominciai a scrivere "NASA Mooned America!". E scrivo e scrivo e scrivo e vado a prendere altri libri in biblioteca e scrivo e scrivo. Ho infine un manoscritto che mando a Bill Kaysing che lui giudica assolutamente meravi-glioso. Gli chiesi quando lo avrebbe pubblicato e mi rispose "Ci penso io". Tanto o poco che fosse, passarono tre anni e lui non aveva pubblicato nulla. La moglie [Ruth, ndt] si era ammalata e lui impiegò i soldi che servivano a pubblicare il libro per portarla altrove, non so dove, Hawaii credo. C'era una storia che tirava fuori dopo l'altra. Così, saltò fuori un altro tizio di nome Jim Collier che aveva scritto "Votescam: the stealing of America" (La truffa del voto: il furto dell'America [sui brogli elettorali nelle elezioni presidenziali, ndt]), mi disse di essere interessato, di avere intenzione di farmelo pubblicare. Passarono ancora tre anni o giù di lì, e nemmeno lui pubblicò. La moglie, che aveva i soldi, suppongo, volle prima pubblicare un libro sull'astrologia erotica, sai che importanza... Alla fine mi tolsi dalle palle e pubblicai il libro per conto mio a mie spese. E questo è stato il modo, io ho fatto tutto da solo col mio libro dato che nessun editore mi voleva. Io sono un ragazzaccio qui in America. Avevo sperato di arrivare in Francia per vedere, lo sai, perché loro non ci hanno molto in simpatia, ma io non parlo francese e non sono arrivato da nessuna parte con questa idea.

J. W.: *Io parlo un poco di francese ma è un po' arrugginito.*

R. R.: Sì, avec moi... eh, eh, comunque, in ogni caso giusto mentre stiamo parlando, il mio libro viene tradotto in russo e ormai credo l'accordo sia già stato raggiunto.

J. W.: *Bene, buon per lei allora.*

R. R.: Questo sarà utile, eh.

J. W.: *Buon per lei.*

R. R.: Direi e ho fatto anche un filmato per loro, la mia prima conferenza. Una troupe di russi è venuta per conto di Mosca TV6, una tv russa di Nuova York, e abbiamo fatto mezz'ora di registrazione. Probabilmente il miglior video che chiunque abbia mai fatto sul mio lavoro ed ha girato la Russia come sale su una ferita e sono diventato un eroe per circa 50 milioni di russi, ah, ah. Perché io combatto il governo. Ma la motivazione principale, la cosa di cui voglio parlare stasera, è il puro e semplice fatto che non puoi andare la fuori senza MORIRE, e non ci puoi nemmeno essere andato, giusto?

J. W.: *Non ci puoi andare senza venire ucciso.*

R. R.: Non ci potresti andare, possibilmente. C'è una giungla di 500 miglia di fronte a te e ad ogni passo c'è una tigre, un leone, un orso e serpenti, va bene, sei nudo e indifeso e non conosci nulla di questa giungla. Non t'inoltri certo dentro.

J. W.: *Sì, è corretto.*
R. R.: Tu muori. Da qualche parte sul percorso un serpente ti sta per mordere sulla coda, un elefante ti sta per calpestare riducendoti a una schiacciatina. Un orso grizzly ti sta per avvinghiare fino alla morte e un gatto ti sta per graffiare da cima a fondo. Così in parole povere, era impossibile che andassero sulla Luna per la cosa chiamata "radiazioni nello spazio". Ora, questa è la materia su cui è stato più difficile raccogliere informazioni. Ho raccolto le prime notizie da Van Allen in Scientific American, egli mise in un articolo il suo lavoro, questo è James Van Allen, lo scopritore delle fasce di Van Allen. Ed era chiaro e semplice. Una delle affermazioni che fece a quel tempo era che lo spazio è un mare di radiazioni mortali. Come lo capì, beh lui fece uso di aggeggi chiamati "raccoon" [= procioni, orsetti lavatori],"rockoon", chiedo scusa [fusione di "rocket" = razzo e "balloon" = pallone, ndt]. Si trattava di un pallone sonda per grande altitudine che portava un razzo alla quota più alta possibile e poi si sparava il razzo. Così riusciva ad arrivare nello spazio. Un giorno, volendo saperne di più, sistemarono nella stiva del razzo un contatore Geiger e osservarono che segnava radiazioni sempre più alte, su, su, finché la lancetta indicò zero come morta. Poi le trasmissioni s'interruppero. Non capivano perché pensando che la macchina si fosse guastata. Allora spedirono un altro contatore Geiger ottenendo lo stesso risultato. Dopodiché un suo assistente, credo fu così, gli disse: perché non schermiamo un secondo contatore Geiger con del piombo e vediamo cosa registra quando il primo sembra non funzionare più? Ora, ricorda che il primo sembrò smettere di funzionare quando la lancetta andò fuori scala. Che cosa significa se il contatore va fuori scala? Che tu non puoi stare li, giusto?
J. W.: *Sì, è giusto.*
R. R.: La cosa spaventò l'uomo, la lancetta fuori scala alla fine della linea ti dice diamine vattene via da qui subito o prima di subito. L'altro contatore schermato pure segnalò radiazioni, ma non ho mai scoperto cosa segnò la lancetta però si mosse. La

qual cosa significa che ogni intervallo di tempo che trascorri lì dentro è mortale, giusto?

J. W.: *Sì.*

R. R.: Perché ciò è cosa dice la lancetta, vattene da qui adesso, non giochicchiare qui per un'ora, vattene! Bene, quando decolli dentro un razzo con l'intenzione di andare sulla Luna, tu trascorri almeno un'ora dentro le fasce di Van Allen, un'ora all'andata e una al ritorno. E il capitano James Lovell, che io chiamo nel mio libro "Liar Lovell" (Bugiardo Lovell) ha fatto due viaggi di andata e ritorno. Ed è una cosa letale, tu non puoi neanche farne uno di viaggio, lui ne ha fatti quattro. In una deposizione lui ha dichiarato di avere assorbito mezzo rem. Va bene, in una deposizione durante un contenzioso legale. Di conseguenza, dato che io posso provare un dato diverso, l'ho chiamato Bugiardo Lovell, ho corretto il mio libro e ogni volta che vedete questo nome è il Bugiardo Lovell. In effetti, loro sono tutti dei bugiardi ma lui è il peggiore. Allora la cosa che succede qui è che ho visto le scoperte del dottor Frank Green ma prima di iniziare voglio dire che c'era un tipo di nome James Miller giù dell'Idaho che era uno dei miei ammiratori e diventammo quasi amici e lui chiamava gli scienziati moderni dei "fantasiosi" e aveva ben ragione per fare ciò. Comunque, quando era giovane, il suo lavoro consisteva nel verificare gli aerorazzi X15 per alta quota e i B52 che li trasportavano in alto. Quando atterravano, lui doveva lavarne lo scafo, attrezzatura ad alta sicurezza molto speciale. Bene, avrebbe dovuto farlo ma non ci riusciva perché le fusoliere erano estremamente calde, zeppe di radiazioni. Così questo prova una cosa: che più vai in alto a più radiazioni vai incontro. Ora, Jimmy ebbe un limite operativo di sicurezza per i REM. E lui solamente lavorava attorno e al di fuori degli X15 e degli aeroplani che li trasportavano quando rientravano dai voli ad alta quota. Gli astronauti affermano che soggiornavano la fuori per giorni, qualcosa non quadra. Ora, ho trovato un fisico che una volta lavorava per la NASA che si chiama [John H.] Mauldin e nel suo libro "Prospects for Interstellar Travel"

(Prospettive del viaggio interstellare), Mauldin afferma con grande chiarezza che bisogna avere almeno due metri d'acqua di schermatura o, aggiungo io, un'equivalente massa di altro materiale circondante ogni forma di vita nello spazio. Questo corrisponderebbe probabilmente a otto pollici (20 cm) o più di piombo, quelle navicelle non avevano schermatura. A loro piacerebbe che tu credessi che quelle tute, che erano composte di gomma siliconica, nylon e alluminio filato, fossero a prova di radiazioni. Non lo erano, e se lo fossero state, perché non le impiegarono a Three Mile Island, perché c'era quella fuoriuscita, ancora non è stata posta sotto controllo. Continua a gorgogliare fuori. Comunque, ad ogni modo in mezzo a cosa e quanto ho trovato del dottor Green è del marzo 1959 di "Scientific American" a pagina 39, l'articolo è intitolato "Radiation belts around the Earth" (Fasce di radiazioni attorno alla Terra).

J. W.: *Okay, così chi vuole può andare a darci un'occhiata.*

R. R.: Questo è Van Allen, va bene? Ed è quello che ha fatto. Il contatore Geiger originario fu inondato da un livello enormemente alto di radiazioni. In seguito alla mia scrittura del libro lui ha ritrattato. Uhm, mi chiedo perché. Non è strano? Ora, io per anni ho inseguito astrofisici e la domanda era sempre la stessa, quale diamine è la quantità media di radiazioni nello spazio? Ora, senza la schermatura, nello spazio e nessuno è mai venuto a dirmelo. Alla fine ho capito che a questi signori sono concesse delle sovvenzioni e, quando ottieni una sovvenzione, devi sottoscrivere un patto per la sicurezza nazionale NSA [National Security Agency Security Oath] nel qual caso puoi solamente parlare con qualcuno con che abbia prestato un simile giuramento per la sicurezza nazionale altrimenti come sapresti cosa è un secreto e cosa non lo è. Ciò che fa questa cosa è separare il pubblico dai cosiddetti scienziati. Molto effettivamente, è stato veramente meraviglioso. Funziona, funziona egregiamente. Ora, esattamente all'inizio dei 1963, ingegneri e scienziati, in un libro intitolato "Scienza e Ingegneria Aeronautica", sancirono che anche le tempeste solari minori possono irraggiare le persone con 25 rem all'ora attraverso un foro nell'alluminio spesso un centimetro. Ora, i fori nel LEM erano circa 2000 per un centimetro di spessore. Quindi il valore di 25 rem deve essere in realtà molto, molto più alto, ma ovviamente vorrebbero farti credere che non ci fossero tempeste solari nel periodo in cui gli uomini erano nello spazio.

J. W.: *Ma loro non c'erano, o no?*

R. R.: Eh?

J. W.: *Non c'erano, giusto?*

R. R.: Naturalmente, mio Dio, le tempeste solari non si fermano perché Bugiardo Lovell è entrato in una navicella da zero a venti volte e dice di essere andato sulla Luna e di avere fatto ritorno. Quelle non si fermano di certo. Comunque, ciò mi riconduce al dottor Green del Canada e cosa hanno messo in luce le sue ricerche in una pagina di un articolo intitolato "Radiation and protection during Space Flight" (Radiazione e protezione durante il volo spaziale) del 1983 nel "Journal of Aviation, Space and Environmental Medicine". Estrapolando l'affermazione: "una dose o tasso equivalente di elettroni nel cuore delle fasce di Van Allen è 280.000 rad al giorno", da cui risulta, facendo la divisione, 3,24 rad al secondo. Ora, la domanda è, quanto ampio è il "cuore"? Bene, capita che il cuore delle fasce sia circa 950 miglia [1500 km] ma questo è un inferno di radiazioni nei secondi in cui lo stai attraversando e stai viaggiando a una velocità di 26 mila miglia [42 mila km] l'ora. Questo ti pone li dentro per un paio di munuti solamente. Ma ciò è sufficiente a somministrarti almeno una dose mortale proprio li. Ma se approfondissimo la questione, ci fu una cosa chiamata Operazione Argus, un esperimento segreto americano del 1958 nel quale loro, ci crediate o no, fecero esplodere delle bombe atomiche in alta atmosfera ai confini con lo spazio. A breve distanza di tempo dalla scoperta delle fasce di Van Allen. Argus 1 fu un esplosione di 1,7 kilotoni il 27 agosto di quell'anno con pochi risultati, allora dopo ebbero l'idea di fare esplodere una bomba H [all'idrogeno]. Ciò che i "grandi uomini" ottennero fu di creare una nuova fascia di Van Allen con una radiazione di 45 rad al secondo. Capito il numero?

J. W.: *45 rad al secondo.*

R. R.: Sì, il tuo assorbimento è 25 rad in tutta la vita e questo è 45 rad al secondo. Fu teorizzato che le radiazioni dovessero decadere nel giro di qualche mese ma ci vollero 10 anni interi per ottenerlo. Questo significa che anche le cinture magnetiche naturali devono avere un tasso di decadimento... mi stai seguendo?

J. W.: *Hum.*

R.R.: E' come un serbatoio d'acqua da cui stai attingendo per alimentare il pubblico, che sono le fasce in cui le radiazioni sono l'acqua, devi avere una quantità uguale in entrata, giusto? Un uguale volume altrimenti il tuo serbatoio si svuota. Così dunque lo spazio esterno è l'unico posto concepibile che può riempire il serbatoio. Da cui, se hai un decadimento in 10 anni al tasso del 10% annuo alla fine scoviamo i 3,2 rad al secondo di radiazioni costantemente aggiunte li dentro. In questo modo, lo spazio deve avere 0,32 rad al secondo . Ora 0,32 rad per 60 secondi che cosa fa? Circa 18 rem al minuto. Così se hai intenzione di stare in quella cosa per un'ora assorbi multipli di ciò. Se hai intenzione di stare nello spazio per molto di più, così nello spazio dalla fine dal campo di Van Allen fino alla Luna, attorno alla Luna, sulla superficie lunare la quale non ha assolutamente schermatura, giusto? Avevano una scherantura da Van Allen lassù?

J. W.: *Neanche c'è atmosfera.*

R. R.: Ritorna nell'astronave, su nello spazio e ritorno attraverso le fasce di Van Allen, si assorbono probabilmente circa 10.000 rem appiccicati addosso. Ma non c'è traccia di affezione da radiazioni, niente tumori, loro sono tutti vivi e vegeti, beh, quasi tutti loro. Allora, il punto della questione è, loro non avevano schermatura, come diamine ce l'hanno fatta? Voglio dire che si tratta di un viaggio che è impossibile fare, non ci puoi mai riuscire.

J. W.: *A dispetto delle cose che lei ha detto, c'è della gente che in effetti cercherà di distorcerle queste ricerche, come uno dei...*

R.R.: Sì, loro sono prezzolati dalla NASA, viceversa sono degli sciocchi. Quel tizio che ha un gran sito web, la NASA gli stava per pagare 50 bigliettoni per scrivere un libro, internet ha preso il posto del progetto libraceo e ci hanno dato dentro sulla NASA. La NASA ci ha messo lo zampino e quello che stanno facendo ora è allungargli dei pagamenti frazionati per continuare il gioco in internet. Ora, nell'Apollo 17, il viaggio è durato 12 giorni, il viaggio più lungo mai fatto, ci sono oltre un milione di secondi in 12 giorni a 0,32 rad al secondo, l'esposizione complessiva per ogni astronauta, nel mio libro li ho apostrofati "astro-non" [astro-not], mica l'ho inventato io, una qualche ragazzina molto sveglia l'ha inventato, sarebbero 320mila rem. Adesso stanno discutendo di un viaggio su Marte lungo un anno, ah, ah...

J. W.: *Oh, cribbio.*

R.R.: Che hanno intenzione di fare con la cosa di Marte, oggi? Beh, lascia che ti dica questo, che se loro hanno l'abilità di giocherellare con le fotografie quanto lo fecero ai tempi, negli anni '70, non avrei mai tirato fuori questa storia. Quindi, se loro adesso, si sa che ci riescono, loro posso fare qualunque cosa con una foto al giorno d'oggi. In questo momento io potrei stare rapinando una banca a Nuova York, lo hai compreso? Proprio in questo momento, produrrebbero una quantità di foto per provarlo. E' stato lui! Naturalmente, tutta la registrazione di questa telefonata sarebbe artefatta e uscirebbe quello. In sostanza, ciò che riescono a fare con un computer e delle fotografie non prova nulla. Così come quando continueranno a farlo per Marte, loro andranno fuori da qualche parte, ci blatereranno sopra e qualche asteroidino creerà qualche danno e insceneranno una lotta per la sopravvivenza e tutto filerà via liscio... uffa. Lo sai, come per Apollo 13, con Bugiardo Lovell.

J. W.: *Mai una risposta diretta dalla NASA. [= Never A Straight Answer]*

R.R.: Mai una risposta diretta e questa sarebbe la verità. Ma come ho detto all'inizio, se non puoi andare in un certo posto, altrimenti muori, non puoi tornare indietro e venire a raccontarmi che ci sei andato. Questo funziona per tutti quegli idioti li, come si chiama… Plait? … il "cattivo astronomo"…

J. W.: *Phil Plait?*

R. R.: Sì, Phil Plait.

J. W.: *Lei conosce quest'uomo?*

R. R.: Cercò di trascinarmi in una disputa, e ti racconterò. Ero un ragazzo e suppongo che detti dei grattacapi per un pochino a un insegnante che neanche conoscevo, alle scuole superiori, che si fece avanti in quella diamine di aula e mi disse "Mi piacerebbe facessi parte di un gruppo di discussione" ed io risposi "Ok, ci penserò sopra" e andai a casa feci le mie riflessioni sui dibattiti e, lo sai, decisi che quel dibattito se lo sarebbe aggiudicato il miglior bugiardo. E' inevitabile che accada ciò, ma ritornando a questo parliamo degli atterraggi su Marte. Ecco un'altra grande cosa, non è così? Ce l'hanno fatta quante volte? Due adesso?

J. W.: *Credo ce ne sono stati tre, in effetti quattro adesso. Hanno fatto atterrare Spirit e Opportunity di recente.*

R. R.: Ti hanno raccontato come li hanno fatti atterrare?

J.W.: *Sì, nello stesso modo di Pathfinder.*

R. R.: Con dei palloni? Dei paracadute?

J. W.: *Sì, è corretto.*

R.R.: Ok, lascia che ti racconti qualcosa sulla pressione. Su questa terra se salti fuori troppo in alto da un aereo e apri il tuo paracadute troppo presto, il paracadute si aggroviglierà. Non si dispiegherà mai. Io penso ai paracadutisti, quando comincio a pensare a queste cose, e non ci riesco, lasciami pensare quanto in alto. Credo che, vedi, devi stare sotto i 15.000 piedi [5000 metri], o semplicemente il paracadute non avrà sufficiente pressione d'aria per dispiegarsi. Ora, se qui siamo su Marte, che ha, prima di tutto, Marte ha un'atmosfera veramente rarefatta

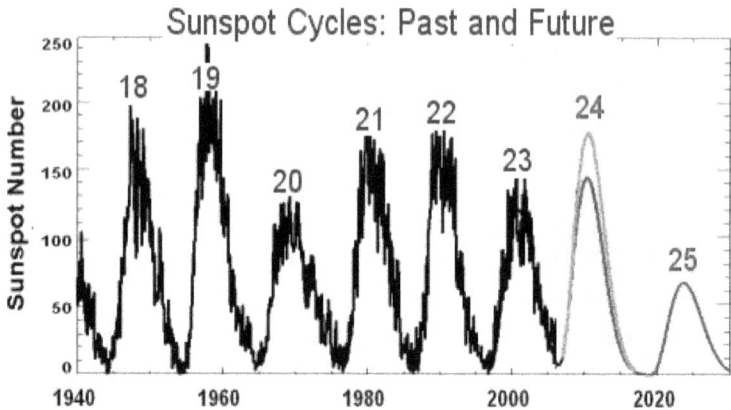

Sunspot Cycles: Past and Future

Figura 93: trovo questo indicativo commento al grafico sopra in un sito della NASA: "C'è una notizia interessante per gli astronauti. Il ciclo solare numero 25 avverrà quando la "Vision for Space Exploration" dovrebbe essere in pieno svolgimento con uomini e donne ritornati sulla Luna, si staranno preparando per andare su Marte. Un debole ciclo solare significa che loro non dovranno preoccuparsi poi tanto dei brillamenti solari e delle tempeste di radiazioni".
Osservando il grafico, uno dei momenti storici in cui l'attività solare era ai suoi massimi (ciclo numero 20) fu proprio quando le sei missioni Apollo raggiunsero la Luna a cavallo tra la fine degli anni '60 e l'inizio degli anni '70. Anche l'Apollo 13 raggiunse la Luna senza sbarcare.

ed è esposta al Sole il che significa anche che le radiazioni sono come nello spazio nudo, tutto quanto. Sbatacchiate dentro Marte durante le ore del giorno naturalmente, giusto?

J. W.: *Sì.*

R. R.: Questo è il primo problema. Poi la pressione su Marte è un centesimo di qui sulla Terra.

J. W.: *Okay.*

R. R.: Un centesimo significa quanto all'altitudine di 200 mila piedi [60 km] in alto, tutto bene? Non c'è verso di aprire un paracadute lassù e, se ci riesci, non significa nulla, esso cadrebbe come una piuma che cade in una camera a vuoto. Così come diamine fai a paracadutare quel peso sulla superficie di quel pianeta? Questo è ciò che loro rivendicano di avere fatto ogni volta. Lo sai, si tratta di una questione squisitamente fisica, non puoi farlo qui sulla Terra, non lo puoi fare la su Marte. Va bene, anche se riesci a dispiegarlo, a quella pressione, quale sorta di portanza lo terrebbe su? Due libbre, dieci libbre o un oncia? Ammesso che riesci ad aprirlo, quanto peso potrebbe sostenere?

J.W: *Lei pensa che ci stiamo avvicinando al momento in cui la beffa [della Luna] sarà svelata?*

R. R.: Non credo che verrà mai ufficialmente ammessa.

J.W.: *Supponiamo che la beffa della Luna sia svelata, secondo lei quale sarebbe la reazione del grande pubblico, dell'opinione pubblica?*

R.R.: Credo che un sacco di gente si metterebbe a sedere e si farebbe un pianto. E non penso però che troppa gente diventerebbe pazza per ciò. Noi dobbiamo sopportare così tante pressioni da ogni direzione.

J. W.: *Bene, c'è un crescente numero di nazioni che stanno entrando, che stanno mandando sonde sulla Luna tipo Giappone, Cina e india. Lei pensa che ciò finirà per fare uscire la burla?*

R.R.: Ho cercato disperatamente di rimanere in contatto col Giappone quando loro annunciarono che erano intenzionati a farlo. Sono circa 10 anni fa. Ho un amico giapponese e non sono più riuscito a contattarlo. Ma lui avrebbe saputo come comportarsi con ciò. Avrei voluto spedire loro una copia del mio libro così avrebbero potuto vedere a cosa vanno incontro lassù poiché in un viaggio di un razzo, loro possono misurare le radiazioni nelle cinture di Van Allen, non è così? Non complicherebbe il razzo fare questo. Se hai intenzione di costruire una navicella per portare gente lassù, sarebbe un gioco da ragazzi fare un controllo su di ciò. Ma io non andai avanti con lui. Rinunciai a chiamarlo. E accanto a ciò, lo sai, loro si sento in debito nei nostri confronti proprio come i russi. I russi ci avrebbero potuto sbugiardare in ogni momento ma non l'hanno fatto. Noi abbiamo cominciato a vendere loro frumento a meno del valore di mercato, ricorda che ebbero bisogno della Guardia Nazionale per sorvegliare le navi mercantili perché i sindacati dissero "Oh, non staremo mica dando da mangiare a questa gente?".

J.W.: *Sì...*

R.R.: Rammenti questo? Già, esercito e Guardia Nazionale cominciarono a sorvegliare quelle navi e allo stesso tempo il prezzo del nostro pane schizzò in alto del 25% da un giorno all'altro, perché dovemmo pagare per ciò, naturalmente. Loro prima sono il Grande Male e ora andiamo a dargli da mangiare. Cioè fu il prezzo che dovemmo erogare per non venire smascherati perché loro lo avrebbero potuto fare in 5 minuti netti. Loro spedirono "l'astronomo premier" o "l'astronomo regale" dell'Inghilterra, il suo nome era [Sir Bernard] Lovell pure. Egli visitò la Russia, gli aprirono le porte e gli mostrarono ogni cosa e gli dissero "Guarda, noi non conosciamo alcun modo per proteggere i nostri astronauti dalle radiazioni che ci sono lassù, vai a dirlo alla Nasa". Bene, lui lo riferì per sicurezza alla Nasa, ma quelli non gli prestarono attenzione e rimasero dell'idea di andare. Se la Russia, hai capito, non riusciva a proteggere i suoi astronauti e le loro fusoliere e motori erano molto più grandi e potenti dei nostri, come diamine ce la fece la Nasa? Con delle tute spaziali fatte di gomma siliconica e uno scafo di alluminio che doveva essere stato spesso un duemillesimo o tremillesimo di pollice?

J.W.: *"Carta canta".*

R.R.: Già, "carta canta". Ora, queste sono tutte le cose di cui le radiazioni sono il vero fulcro. Tutto il resto riconduce a questo. Mi ci sono voluti anni per mettere insieme i dati di cui sono in possesso. Nessuno voleva dirmi niente. Mi ci è voluto molto tempo per capire cosa stava succedendo e il libro di James McKenney, lui mette in luce la roba sulla sicurezza nazionale. Questo è il motivo per cui noi siamo tagliati fuori dagli scienziati. Nessuno scienziato osa interloquire con noi perché come diamine lo capisce cosa è raccontabile e cosa non lo è.

J.W.: *Accanto a lei, c'è un certo numero di individui che si sono fatti avanti con delle evidenze sulla beffa della Luna, chi lei pensa possa essersi guadagnato un posto in una ipotetica "hall of fame", l'olimpo dei cospirazionisti lunari?*

R.R.: Ho smesso di interessarmi alla maggior parte di essi qualche anno fa ma ci starebbe senz'altro [Bart] Sibrel o Percy David [David Percy, ndt] e non conosco altro attore in effetti.

J.W.: *Vedo, a parte Bill Kaysing, naturalmente.*

R.R.: Lui sicuramente, aprì gli occhi a tutti, come a te, come non poteva riuscirci?

J.W.: *Nel suo giudizio, ci sono debunker psicotici dei teorici della beffa della Luna? Si tratta di gente che "pascola" liberamente o sono pagati militarmente per screditare chi dubita della NASA?*

R.R.: Ritengo che alcuni di loro siano dei rimbambiti che solamente sproloquiano su qualunque cosa. Vedi, la gente è strana. Se credono di conoscere qualcosa, allora si metteranno a parlare per ore dell'argomento, anche se non ne sanno una beneamata mazza, loro semplicemente parlano, parlano. Ma naturalmente Plait e qualche altro, loro sono prezzolati. Il tizio che si supponeva scrivesse il libro, invece di 50 bigliettoni da mille [dollari], ha cominciato a intascare 5 o 10 bigliettoni da mille al mese per tenere aperto il suo sito e merda del genere.

J.W.: *Si tratta di Jim Oberg, non è lui?*

R.R.: Eh?

J.W.: *Si tratta di Jim Oberg, non è lui?*

R.R.: Oberg, Oberg, Oberg, è corretto. Certo che è lui! Così in parole povere, davvero, me ne frego di cosa dicono. La gente che legge il mio libro, loro non credono più a quella merda. Ho un'immagine sulla mia copertina con una luce, sopra una qualche struttura di acciaio, va bene? Un astronauta se ne sta dritto nella copertina, c'è una luce sopra la sua spalla sinistra, sta in aria.

J.W.: *Loro asseriscono che è un riflesso della lente.*

R.R.: Riflesso di una lente, da cosa?

J.W.: *Una luce da dentro la macchina fotografica.*

R.R.: Sì, ma da dove proviene la luce?

J.W.: *Dal Sole.*

R.R.: Le ombre si dirigono lontano dalla fotocamera, come ottieni un riflesso della lente? Io non sono un fotografo, tutto ciò che so, è che perfino quando mostrai il libro per la prima volta durante una rassegna di libri, un ragazzo si fece avanti, avrà avuto 16 anni, lui guardò una delle fotografie ed esclamò "Oh, mamma mia, è un fotomontaggio". Io neanche sapevo cosa era un fotomontaggio, ah, ah, solo sapevo che le cose non erano avvenute come dicevano loro.

J.W.: *C'è qualcos'altro, in conclusione, che vorrebbe dire ai nostri radio ascoltatori?*

R.R.: Sì, io sono per il 67% italiano, l'ho figurato un giorno.

J.W.: *Lei è per il 67% italiano, wow!*

Figura 94: dettaglio dell'immagine AS17-137-20979 dall'Apollo 17. Il rover sembra essere stato collocato al suolo con estrema delicatezza senza minimamente smuovere il terreno circostante, data l'assoluta mancanza delle tracce.

Figura 95: dettaglio della fotografia AS15-88-11901, nessuna traccia del passaggio del veicolo. Come ci è finito li? Però, come mostrato dalle immagini seguenti, le tracce del rover si distinguerebbero da grande altezza.

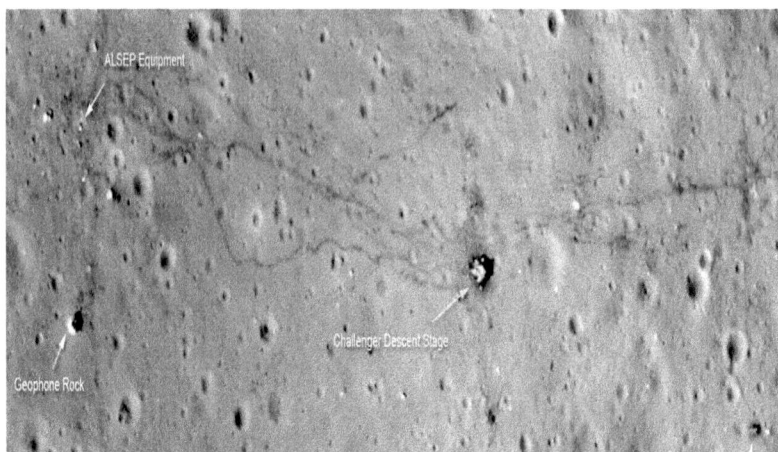

Figura 96: tuttavia, nelle recenti foto del LRO, in orbita lunare, le tracce del rover sono ben visibili da circa 25 km di altezza come, ad esempio, nelle due immagini, sopra & sotto. Qualcuno ha osservato che altre immagini del LRO sono letteralmente identiche a quelle che pervennero dalle sonde degli anni '60.

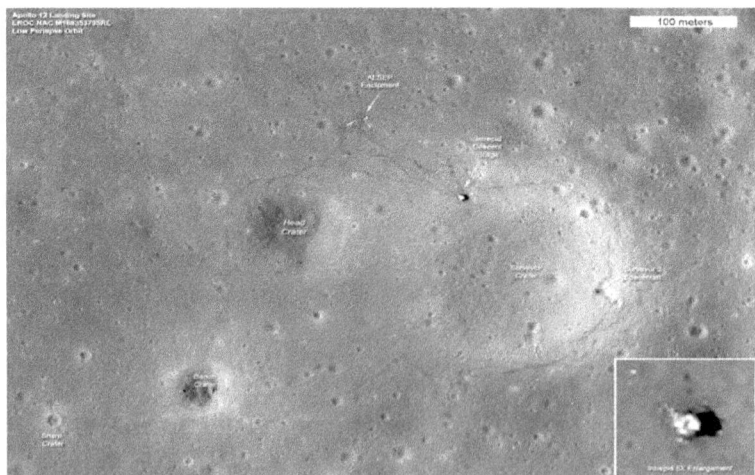

Figura 97

Intervista a Sotiris Sofias, autore de "Il Mistero della Luna"

A.G.: *Buongiorno, siamo in presenza dello scrittore greco Sotiris Sofias che ha scritto un libro interessantissimo che si chiama Il "Mistero della Luna". Comunque, anche se Sotiris parla italiano, la intervista la faremo in inglese, "hello Sotiris, are you there?"*

S.S.: "Ciao Albino, ciao a tutti in Italia, sì, sono qui."

A.G.: *Prima di tutto grazie per avere accettato di rispondere ad alcune domande e partecipare allo show. Ci può dire alcune cose della sua vita e il suo lavoro, dove vive?*

S.S.: Io sono nato a Corinto, in Grecia, nel 1961. Ho completato le scuole superiori nella mia città natale nel 1979. Ho proseguito i miei studi al Politecnico di Atene presso il dipartimento d'ingegneria topografica e mi sono laureato nel 1985. Il mio amore interiore è la pittura con la quale ho a che fare sin da quando ero bambino e ho dipinto oltre 300 quadri a olio. Tuttavia, il grande amore della mia vita è l'astronomia. Tre telescopi hanno costituito il mezzo per l'esplorazione del cielo e allo stesso tempo un sacco di libri di astronomia affollano la mia biblioteca.

A.G.: *La seconda domanda, lei ha scritto un libro sulla Luna, come si è appassionato allo studio della Luna?*

S.S.: Tutto ebbe inizio all'età di diciotto anni quando acquistai il mio primo telescopio con un ingrandimento x 50, continuai a dedicarmi negli anni '90 con un secondo telescopio, un Newtonian 114, x150, e poi acquistai il terzo all'inizio del 2002, un Maksutov-Cassegrain 127 con ingrandimento x250. Innumerevoli ore di osservazione del cielo notturno mi hanno fatto comprendere assolutamente il vero posto della Luna, delle sue facce o ogni altra caratteristica scientifica dei suoi movimenti. Negli anni '80 seppi per la prima volta della teoria della beffa della Luna attraverso alcuni articoli che parlavano del non parallelismo delle ombre nelle fotografie della NASA. Da allora iniziai a tenere sotto osservazione ogni articolo e i commenti degli scienziati riguardo alla Luna. Ma il motivo di maggior interesse per me fu il programma planetario Redshift 5 che acquistai tre anni fa. Ho cominciato a navigare nel cosmo e passato molte ore davanti al PC per familiarizzare con le possibilità di questo software. Cercando di vedere la Luna sono andato a osservare il lato nascosto e ho visto per la prima volta nella mia vita il lato distante della Luna. Mi ci volle un po' per riprendermi dalla sorpresa. Vidi qualcosa di veramente unico, qualcosa che ben pochi avevano visto prima di me al mondo perché le informazioni riguardanti il lato distante della Luna sono censurate. Per un qualche strano motivo, le fotografie del Redshift 5, preparate da scienziati russi, non erano ne censurate ne ritoccate. Probabilmente qualcuno si era dimenticato di farlo. Le immagini erano sfuggite a quegli individui che controllano l'informazione al pubblico. Così, il Redshift 5, con o senza "probabilmente", mostra le vere immagini del lato lunare distante prese da diverse sonde lunari. Ho letto in diversi articoli che il lato distante è diverso da quello vicino [visibile]. Dalle foto che ho analizzato in tutti questi anni, mi sono accorto che nel lato nascosto della Luna ci sono molte fattezze e molti artefatti che sono stati ritoccati. Subito mi venne in mente il libro di Don Wilson "I segreti della Luna" e mi misi a rileggerlo quando subito mi accorsi che le cose dette dallo scrittore americano erano corrette perché le ho verificate a distanza di 30 anni. Le conclusioni raggiunte nel libro di Wilson, che fu scritto nel 1979, sono ancora attuali come quando lessi il libro per la prima volta.

Probabilmente il mio studio è il primo lavoro a livello globale che riunisce in se tutti i problemi che hanno occupato gli scienziati nel risolvere i misteri della Luna che hanno cercato di stabilire che cosa di veramente strano succede col nostro satellite naturale. Non c'è ragionevole spiegazione perché non ci siano viaggi verso la Luna. Dove sono finite le roboanti parole sulla costruzione di un base lunare entro la fine del 20° secolo? Solo gli innamorati romantici e i nuovi possessori di telescopi, che guardano per la prima volta una delle meraviglie del cielo notturno, hanno a che fare con il nostro satellite. Sembra che la

Figura 98: il lato nascosto della Luna. Chiamato anche "lato oscuro", in verità è illuminato gradualmente dal Sole per circa 14 giorni terrestri e in altri 14 giorni ritorna nell'ombra. Il "lato distante", come si può definire più correttamente, non è mai visibile dalla Terra poiché il satellite compie una rotazione attorno al proprio asse (giorno lunare) nel medesimo tempo in cui esso compie un'orbita attorno alla Terra.

Luna ci sia stata proibita da qualcuno riguardo alle missioni future con uomini a bordo. Secondo la mia opinione, coloro che ci impediscono la conquista della Luna non sono cattivi, credo con determinazione che essi siano benevoli, ritengo che nessuno vorrebbe vedere sconvolta la quiete della propria casa, perché gli umani dovrebbero tentare di mettere a soqquadro la dimora di coloro i quali abitano sulla Luna? Per migliaia di anni le meravigliose creature che vivono nella Luna hanno assistito alla nostra evoluzione come umanità, probabilmente queste creature hanno aiutato noi esseri umani in alcuni momenti della nostra storia, probabilmente ci hanno fornito la conoscenza e la scienza. Per loro sarebbe facile spazzare via la razza umana, ma probabilmente non userebbero alcun genere di arma contro le creature terrestri. Forse nel passato, per la legge di natura che vuole le civilizzazioni autodistruggersi, i nostri vicini spaziali hanno affibbiato qualche sonoro ceffone a coloro i quali per la loro vanità, con matematica precisione, stanno guidando il nostro pianeta verso la distruzione totale.

A.G.: *Quali teorie espone nel suo libro circa l'origine della Luna?*

S.S: Comincerò con le mie teorie sulla Luna attraverso le leggende e la connessione con l'apparizione di esa nelle nostre vicinanze, con il grande cataclisma che fece svanire Atlantide. Testi in Europa e in Sud America parlano di antichi popoli che vivevano sulla Terra prima che la Terra avesse la Luna. In Grecia, la mia nazione, essi venivano chiamati Proseleniani il che significa pre-Luna, prima della Luna. L'idea di un mondo senza Luna sopravvive anche nelle tradizioni degli indios degli altipiani di Bogotà nella cordigliera occidentale della Colombia. Nei tempi primordiali la Luna non si trovata nei cieli e, ovviamente, la Storia riporta una vera assenza fisica della Luna e non una semplice metafora come affermato da qualcuno allo scopo di enfatizzare che questi eventi, l'assenza della Luna, risalirebbero a molto tempo fa. Nel mio libro ho collegato la presenza della Luna nei nostri paraggi con il grande cataclisma della distruzione di Atlantide, della scomparsa di Atlantide. Il grande cataclisma, la colossale inondazione è un evento storico ed è stato registrato nelle tradizioni di molte nazioni, negli ebrei con Noè, nei greci con Deucalione, in India con Gilgamesh e così via. Naturalmente il grande cataclisma fu causato da un fenomeno non derivante da movimenti interni alla Terra bensì assolutamente per un fattore estraneo. 12 mila anni fa, precisamente nel 9500 a. C. lo sconvolgimento è stato datato con precisione dagli scienziati, qualcosa causò un grande scombussolamento nel campo gravitazionale terrestre.

Giganteschi terremoti e immani inondazioni coinvolsero la Terra, afflissero le zone costiere causando distruzioni bibliche e alle isole tra cui Atlantide, secondo la mia teoria. Chiaro che il fenomeno che causò le disastrose alluvioni non può essere spiegato come dei cambiamenti naturali all'interno della Terra, tipo l'inversione dei poli o certi altri eventi naturali. Il motivo non fu un fenomeno locale bensì uno universale.

A.G.: *Sotiris, leggendo il suo libro ho scoperto un fatto stupefacente, il diametro apparente della Luna è uguale a quello del Sole se visti dalla Terra. Si ha l'impressione che la cosa sia molto strana, qual è la sua opinione a riguardo?*

S.S.: Non è la sola stranezza della Luna. Le misure apparenti dei dischi del Sole e della Luna, completamente per coincidenza, il diametro apparente del Sole è uguale al diametro apparente della Luna, esattamente 0,52 gradi che è come dire che il disco lunare e il disco solare appaiono esattamente uguali a un osservatore dalla Terra. Questo è il motivo per cui si verificano le eclissi totali.

A.G.: *Sì.*

S.S.: Un'altra bizzarra, davvero straordinaria, caratteristica della Luna è che la Luna ruota a livello dell'eclittica mentre tutti i satelliti del nostro sistema solare ruotano sul piano equatoriale del pianeta. Così la Luna è considerata sia un satellite sia un pianeta poiché, come satellite, sta orbitando intorno alla Terra, ma orbita intorno al Sole sul piano dell'enclitica il che significa che è anche un pianeta dato che la peculiarità di orbitare attorno al Sole ce l'hanno i pianeti, solo i pianeti. Ecco perché la Luna è considerata come un satellite ma pure come un pianeta, ruota attorno alla Terra come un satellite ma attorno al Sole come un pianeta. Isaac Asimov, lo conosci, il grande astronomo dello scorso secolo, lui aveva osservato che la forza gravitazionale del Sole verso la Luna è il doppio rispetto alla forza che la Terra esercita su di essa. Questa differenza di attrazione si suppone dovrebbe estrarre la Luna dalla sua posizione dato che l'attrazione del Sole, come detto, è doppia comparata a quella della Terra. Tuttavia, per una qualche sconosciuta ragione la Luna è stabile nella sua posizione e quindi si può trarre la conclusione, come Isaac Asimov aveva suggerito, che il nostro satellite non è naturale. Un'altra strana caratteristica della Luna, e uno dei più grandi misteri di questo satellite, è che il nostro satellite ci mostra sempre la medesima faccia, significante che ha una rotazione sincronizzata. La Luna gira su se stessa e attorno alla Terra esattamente nello stesso tempo, 29,53 giorni esatti. Se facciamo una sommatoria di tutte le concomitanze della Luna nel cielo, ciò ci guiderebbe a qualche sconvolgente conclusione. Per esempio, se mi chiedessero di piazzare un satellite in orbita, seguirei precisamente le stesse regole. Sistemerei la Luna lontana dal limite di Roche allo scopo di assicurarmi che non sia distrutta dalle forze di marea della Terra. Però, non so se questo è un grande punto di domanda per tutti gli ascoltatori, perché la Luna è posta in un punto veramente speciale del cielo in modo da creare un'eclissi totale di Sole. Poiché il rapporto tra i diametri dei due corpi e la loro distanza dalla Terra è lo stesso. Ho chiesto a molta gente che a che fare con la Luna di spiegarmi e tutti mi hanno detto che è una caratteristica innaturale. Sembra che qualcuno abbia piazzato la Luna in un punto veramente specifico del firmamento.

A.G.: *La Luna ha altre singolarità.*

S.S.: Non è la sola strana particolarità della Luna, io credo che la Luna sia un corpo uranico veramente unico nell'universo, diciamo, che ha molte singolarità per cui ritengo che non sia naturale, perché se io confronto le caratteristiche della Luna con quelle di altri satelliti del nostro sistema solare, la Luna ritengo si tratta di un corpo uranico unico.

Prima di tutto, la dimensione relativa della nostra luna, se comparata con il nostro pianeta Terra, è davvero strana. Se confrontiamo le proporzioni dei diametri di tutti i pianeti del nostro sistema solare con i satelliti, possiamo osservare i seguenti numeri: Il diametro di Ganimede, il più grande satellite del nostro sistema solare, è di 1:27 significando che se Ganimede ha diametro 1, Giove ha diametro 27. Per gli altri satelliti del nostro sistema solare, esaminiamo un po' i quattro satelliti galileiani di Giove: Io ha la proporzione con il diametro di Giove di 1:40, Europa 1:46, Callisto 1:30. Titano, il satellite gigante di Saturno e il secondo satellite più grande del nostro sistema solare, ha proporzione con il diametro di Saturno di 1:23. Per la Luna il rapporto fra il diametro con quello della Terra è incredibile: 1:4. Se esaminiamo le masse dei satelliti, traviamo i seguenti dati. Durante il processo di formazione del sistema solare, la porzione più grande della massa iniziale della nebula collassò a causa della gravità. Minori concentrazioni di materiali condensarono localmente costituendo i pianeti, infine, ancora più piccole concentrazioni di materia si condensarono attorno ai pianeti formando i satelliti. Questo è, in generale, il principio della formazione di pianeti e satelliti. La proporzione delle masse tra il Sole e Giove, il più grande pianeta del nostro sistema solare, è di 1047:1 vale a dire che il sole è 1047 volte più massivo di Giove. La proporzione tra il Sole e Saturno è di 3498:1. La proporzione tra Giove e Ganimede, suo satellite maggiore, è di 12.780:1. Il rapporto tra le masse di Titano e Saturno è di 1 a 4224. La proporzione Terra-Luna è incredibile: la massa della Terra è solamente 81 volte quella della Luna. Nel momento in cui i maggiori satelliti di Giove sono almeno 1047 volte meno massivi come per Ganimede e Ganimede è 1,5 volte più grande della Luna. Una seconda singolarità, molto importante, della Luna è la distanza relativa dalla Terra. Io, uno dei 4 satelliti medicei di Giove, è situato a distanza tripla rispetto al diametro di Giove. Europa, il secondo satellite di Giove è situato 5 volte la misura del diametro di Giove. Ganimede, il più grande satellite del sistema solare, è situato 8 volte distante la misura del diametro di Giove. Callisto 13 volte la distanza in rapporto al diametro. Titano, il più grande satellite di Saturno, è posto 10 volte lontano rispetto al diametro del suo pianeta. La nostra luna è posizionata 32 volte distante rispetto al diametro terrestre. La lontananza dei satelliti che orbitano intorno al pianeta-madre deve tenere conto della distanza di sicurezza che il satellite deve tenere dal pianeta allo scopo di evitare di venire distrutto dalle forze di marea. Questa misura è conosciuta come "limite di Roche", dal famoso astronomo francese Edouard Roche, che per primo calcolò tale limite. Se il satellite supera tale distanza, e si avvicina troppo al pianeta, verrà disintegrato dalle forze di marea del pianeta. Questo limite di Roche per l'accoppiata Terra-Luna è approssimativamente di 18.200 km. Se la Luna si avvicinasse o oltrepassasse questa distanza, sarebbe frantumata dalle forze gravitazionali della Terra, ma la Luna è ben al sicuro perché è situata ben 21 volte la distanza del limite di Roche il quale potrebbe porre problemi alla nostra luna. Di conseguenza, la nostra luna è in sicurezza per i prossimi 5 miliardi di anni che è, diciamo, la durata del nostro sistema solare. I satelliti più vicini a Giove e Saturno si trovano approssimativamente a due volte la distanza del limite di Roche dei loro due pianeti e la Luna è posizionata 21 volte la misurazione di tale limite. Una distanza incredibile.

A. G.: *Sono senza parole. Lei ha scritto altri libri o articoli riguardanti l'astronomia o altri argomenti nella sua vita?*

S.S.: Sì, io ho scritto altri due libri sulla stella cometa dei Magi [in italiano il titolo è "La Stella di Betlemme decifrata"] in cui rivelo la scoperta della data esatta di nascita di Gesù Cristo e molti articoli sono stati pubblicati in giornali greci ad argomento Luna o altre investigazioni storiche che ho svolto. La mia più recente ricerca riguarda le spedizioni degli Argonauti e la guerra di Troia scoprendo che sono tutti fatti storici. Si tratta, naturalmente, di campi di ricerca eterogenei ma io coltivo interessi in diversi campi, non escludo nulla dalle mie ricerche io faccio indagini su di tutto.

A. G.: *Molto interessante, come lei sa il nostro programma si focalizza sulla possibilità che gli sbarchi, le spedizioni sulla Luna, effettuati dalla NASA, furono falsificati. Qual è la sua opinione sul programma Apollo?*

S.S.: Io credo che il programma Apollo sia rimasto sulla carta. Naturalmente, loro approntarono alcune missioni, naturalmente lanciarono qualche Apollo ma il loro bersaglio finale non era la

Luna perché essa è un'area proibita agli esseri umani. Io credo che le missioni Apollo furono realizzate in uno studio cinematografico allo scopo di celare il più geloso segreto e la più grande cospirazione di tutti i tempi, che la Luna non è il nostro satellite naturale ma è la casa di una razza extraterrestre. La NASA e il governo americano intendono fare credere che negli anni '70 tutto fu perfetto e conquistarono la Luna, che fu la più grande conquista dell'umanità, ma la realtà è che non sono mai andati sulla Luna. Tutti gli scenari, diciamo così, furono ricostruiti in studio e tutte le fotografie sono false. Il 99% delle foto è falso e scattato in uno studio fotografico. Anche i filmati sono pure falsi e solo l'1% delle immagini è reale poiché scattate da sonde automatiche.

A. G.: *Secondo la sua opinione, quale sarebbe la reazione dell'opinione pubblica mondiale alla scoperta che i viaggi sulla Luna furono simulati?*

S.S: Io penso che specie il popolo americano pretenderebbe la verità dal suo governo poiché, la NASA ha sacrificato alcuni dei suoi migliori astronauti nell'intento di mantenere nascosta la cosa e per questo, ritengo molto presto in futuro, quando il popolo americano capirà, perché loro hanno speso miliardi di dollari e le missioni lunari erano finte. Hanno versato tasse per niente. Per delle fotografie fasulle, per dei filmati falsi sacrificando alcuni dei loro migliori astronauti.

A.G.: *Quali astronauti, può fare i nomi?*

S.S.: Lei ricorda cosa successe con l'Apollo 1, nel 1967 quando alcuni dei migliori elementi bruciarono nella capsula durante una simulazione del volo e se lei ricorda bene, Virgil Ivan "Gus" Grissom avrebbe dovuto essere il primo astronauta ad andare sulla Luna. Essendo uno degli astronauti della Mercury, sarebbe dovuto essere il primo a mettere piede sulla Luna, ma sfortunatamente rimase ucciso durante una simulazione. E Neil Armstrong fu il fortunato astronauta che prese il suo posto come primo uomo sulla Luna.

Tuttavia, secondo la mia teoria, Albino, non furono gli americani i primi ad arrivare sulla Luna bensì i sovietici con i loro migliori cosmonauti Yuri Gagarin e Valentina Tereshkova. C'è una storia che circola sull'allunaggio da parte dei sovietici già nel 1968. Si tratta del famoso caso Lev Mochilin. Era uno scienziato sovietico che fu membro, diciamo così, della casta di scienziati sovietici che avevano preparato la conquista della Luna. Lui fuggì dalla UnioneSovietica nel 1969 e si rifugiò in Francia, dove ottenne lo status di esule politico. Li rilasciò un'intervista a un giornale francese nella quale rivelò che i sovietici il 5 giugno del 1968, un anno prima degli americani, erano sbarcati sulla Luna. Gli astronauti, stando alle sue dichiarazioni, erano una coppia, un uomo e una donna e i loro nomi in codice erano Eugenyi e Ilyia. Io ho esaminato scrupolosamente gli archivi dei cosmonauti sovietici di quel periodo. Non ci sono cosmonauti chiamati Eugenyii e Ilyia il che significa che si trattò di nomi in codice. E gioco forza erano nomi in codice onde evitare che agenti occidentali potessero carpire di che persone si trattava. Secondo la mia interpretazione, questi cosmonauti speciali e straordinari erano Gagarin e la Tereshkova e, secondo Mochilin, Yuri Gagarin, *Figura 99: l'amico scrittore* Eugenyi, rimase ucciso sulla*ellenico Sotiris Sofias.* Luna e la donna cosmonauta, Ilyia, riuscì a ritornare sulla Terra. Ho esaminato le biografie ufficiali attraverso gli archivi sovietici riguardo a Gagarin e Tereshkova. Ho trovato che Gagarin perì in un incidente aereo molto strano, il 27 marzo, tre mesi prima del lancio dalla Terra, sempre secondo Mochilin. Secondo lui, il lancio avvenne da una base segreta negli Urali il 5 di giugno del '68. Secondo me, i servizi segreti russi fecero in modo di anticipare la data della

morte di Gagarin, Mochilin disse che Gagarin era Eugenyii, uno dei due cosmonauti. Per quanto riguarda la donna, Ilyia, io credo fermamente che fosse Valentina Tereshkova. Ho consultato la sua biografia ufficiale ed ho scoperto che alla fine del 1968, non si era potuta laureare all'università, diciamo, l'università dello spazio col titolo di pilota, perché era ricoverata presso il Centro Visevski, una clinica di Mosca, per un'operazione, si laureò l'estate seguente. Sai cosa dice Mochilin? Quando Ilyia, per me Valentina Tereshkova, ritornò sulla Terra, fu rinchiusa in un sanatorio sorvegliata a vista. Valentina Tereshkova, nel medesimo periodo, per combinazione, era ricoverata in ospedale e ho concluso che il periodo in cui la donna era ricoverata in clinica per sottoporsi ad un'operazione corrisponde, Ilyia, la donna cosmonauta era detenuta e sorvegliata dentro un sanatorio. Il periodo è lo stesso. Valentina riapparve in pubblico l'8 giugno del 1969 esattamente un anno dopo l'incidente della Luna. E vuoi sapere cosa stava facendo? Era un rappresentante al congresso del Partito Comunista sovietico che ebbe luogo a Mosca precisamente un anno dopo la morte di Yuri.

A. G.: *Molto interessante. Così, lei suggerisce che i russi siano andati davvero sulla Luna?*

S.S.: Io credo che i russi furono i primi a mettere piede sulla Luna, però non conosciamo la vicenda, Albino, perché si trattò di un incidente, di un incidente mortale, il loro miglior astronauta morì sulla Luna così loro decisero di nascondere, di celare questo misfatto. Naturalmente, lasciarono gli americani dire che loro furono invece i primi ad andare sulla Luna. Perché immagina cosa avrebbe detto la popolazione sovietica se avesse saputo che il governo aveva mortificato il loro migliore cosmonauta? Per questo i russi non dicono niente sui falsi sbarchi degli americani perché anche loro hanno degli scheletri nell'armadio, diciamo così. Non possono di che gli statunitensi stanno mentendo perché anche loro hanno i loro segreti. Dovevano nascondere al pubblico russo che loro avevano esposto i due loro migliori cosmonauti al pericolo sulla Luna poiché naturalmente Gagarin rimase ucciso, lui stava camminando sulla Luna quando incontrò, diciamo, una creatura meccanica, probabilmente un robot, e, secondo la mia convinzione, Gagarin non si mostrò amichevole verso gli extraterrestri, perciò lo uccisero. Questa è la spiegazione più ragionevole.

A.G.: *Come lei sa, assistiamo a un incremento dell'attività spaziale da parte di Giappone, Cina, India, crede che ciò aiuterà a svelare i segreti della Luna?*

S.S.: La cosa mi fa sorridere perché ritengo fermamente che per Cina, Giappone, india e per tutte lei altre cosiddette potenze spaziali la Luna sia un'area proibita per gli umani perché essa è la casa di un'intelligenza superiore. Naturalmente, quando queste potenze saranno pronte a spedire sonde, allo scopo di stabilire delle basi lunari, si accorgeranno che la conquista della Luna è impossibile perché gli abitanti della Luna non lo consentirebbero agli umani di creare avamposti lassù, semplicemente perché quella è la loro casa, non vogliono ospitare altre creature. Immagina, potresti venire a casa mia, entrare e dormire a casa mia, senza essere mio amico? Certo che no. Perché dovrebbero consentire agli umani di erigere basi dentro la loro casa? Sarebbe impossibile.

A.G.: *Che cosa può dire sulla beffa della Luna e dei suoi echi in Grecia?*

S.S.: Molta gente in Grecia è parecchio convinta che gli americani non abbiano mai messo piede sulla Luna. Loro ritengono risolutamente che tutto sia stato diretto in uno studio, i filmati realizzati da Stanley Kubrick e tutte le immagini dalla Luna pure scattate nel deserto del Nevada. Così esse devono essere al 100% false. Naturalmente ci sono dei tizi in Grecia che supportano le tesi della NASA. Io ho partecipato a diversi forum in Grecia, e ti posso assicurare che molta gente crede fortemente che gli americani non hanno mai raggiunto l'obbiettivo di atterrare sulla Luna.

A.G.: *D'altra parte, la più grande abilità della società americana, dell'industria statunitense, è nel produrre film.*

Hollywood è la più grande industria cinematografica al mondo. La cosa che sanno fare meglio sono appunto i film. Che le pare?
S.S.: Albino, è molto strano che per la conquista della Luna non abbiano fatto alcun film, molto strano, per la loro Storia, la conquista della Luna è il maggior risultato ottenuto dall'America e non ci hanno prodotto nemmeno un film. Perché non sanno come fare per mostrare come l'hanno compiuto, non sanno niente della Luna, non conoscono cosa successe, cosa fare. Molto strano per me, loro hanno girato un gran numero di pellicole sulla loro storia ma non sulla conquista della Luna, non hanno gli scenari perché tutto fu falso. Provare cosa? Che la conquista della Luna fu inscenata? Lo sappiamo bene! Questo è il motivo perché non fanno film riguardo alla Luna. Ok?
A.G.: *Ok Sotiris, grazie molte per avere partecipato allo show e arrivederci a presto.*

Figura 100: fotogramma estrapolato da un filmato TV della NASA: pare comparire uno scintillio sopra gli astronauti. Antenne radio o cavi di sospensione per simulare la scarsa gravità lunare? (non so, però, se nella stampa, effettivamente, il riflesso si nota). Giova ricordare che, negli USA, la vendita di televisori a colori sorpassò quella dei televisori in bianco e nero soltanto nel 1972, l'anno in cui si conclusero gli sbarchi lunari.

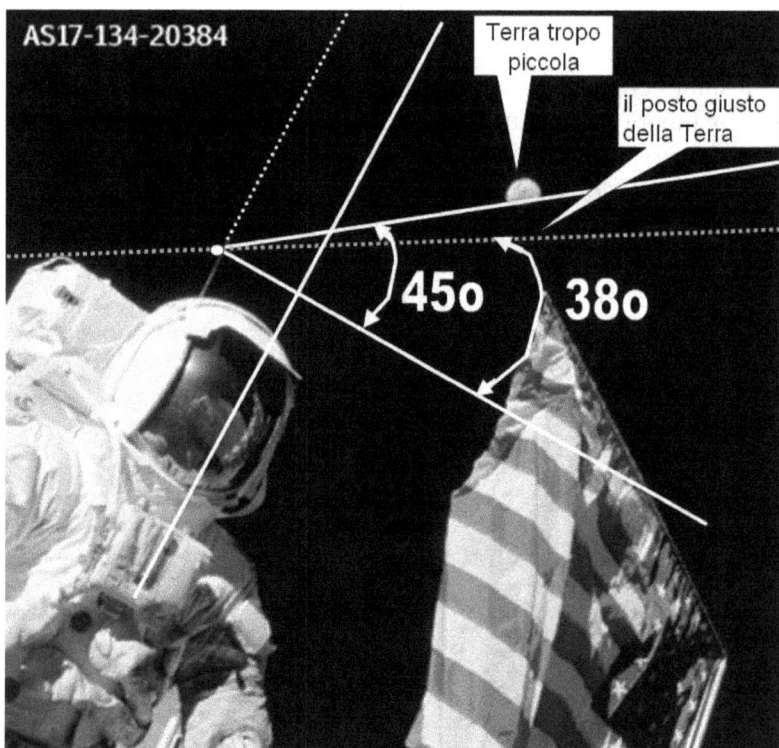

Figura 101: immagine elaborata dallo scrittore Sotiris Sofias.
L'illuminazione della Terra con quadra rispetto alla posizione del Sole
o della fonte di luce che illumina l'astronauta.

Chi può avere avuto la direzione artistica di uno spettacolo talmente reali-stico da essere passato alla Storia alla pari di realtà? Certamente un maestro del cinema. Da più parti viene raccontata, talora con una notevole dovizia di particolari, una storia secondo la quale fu Stanley Kubrick (26 luglio 1928 – 7 marzo 1999) a lavorare, forse assieme a Walt Disney,

Figura 102: il regista Stanley Kubrick.

alla messa in scena degli allunaggi. Personalmente, non ho verificato tale ipotesi, però, ci sono un paio di evidenze che fanno riflettere: la prima è che Kubrick fu in stretto contatto con due esperti della NASA, Fred Ordway e Harry Lange, per produrre il film 2001, "Odissea nello spazio", che uscì nelle sale cinematografiche pochi mesi prima della conquista della Luna. L'ente spaziale fornì, inoltre, sembra al regista newyorchese anche supporto tecnico per girare a lume di candela, cioè con luce fioca, alcune scene di "Barry Lyndon". Per il suo ultimo film, "Eyes wide shut", ci sono riferimenti a "un motivo di segretezza nel film" e soprattutto la pellicola doveva avere la sua "prima" il 16 luglio 1999, a trent'anni esatti dal lancio dell'Apollo 11 per il primo storico allunaggio. Il regista morì improvvisamente il 7 marzo dello stesso anno mentre si apprestava a girare scene a contenuto esoterico del finale di Eyes wide shut. In secondo luogo, la vedova di Kubrick, Christiane, dichiarò, nel 2004, che il marito era stato in contatto con due astronauti dell'Apollo ma di non ricordare con quali. Anche nel film "The Shining", vi si trovano riferimenti diretti all'Apollo, ad esempio, il maglione indossato dal bambino. Se è stato Stanley Kubrick il regista occulto dello sbarco lunare, egli aveva tutta l'esperienza maturata degli effetti speciali sviluppati per 2001: odissea nello spazio tale da rendere verosimili gli allunaggi a distanza di molti decenni, al modo in cui sono sorprendenti, ancora oggi, alcuni effetti scenici impiegati per il suo capolavoro di fantascienza.

NOSTRADAMUS E LA LUNA

Nostradamus è la latinizzazione di **Michel de Nostre Dame**, nome di un medico e astrologo che visse nella Francia del XVI secolo. I dettagli della sua vita sono poco chiari e spesso dibattuti ma sembra che fosse discendente da una facoltosa famiglia di origine ebraica convertitasi al cattolicesimo.

Com'è risaputo, egli scrisse numerose profezie e presagi. Molti di tali vaticini sono inclusi in indovinelli di quattro righe detti *Quartine* riunite in un volume chiamato *Le Centurie* poiché le predizioni sono ordinate in gruppi di cento quartine ciascuno. Che cosa può avere predetto Nostradamus dello sbarco sulla Luna? E sulla possibilità che si sia trattato di un inganno?

Nella **Centuria IX**, **Quartina 65,** leggiamo qualcosa di interessante:

1. *Dedans le coing de Luna viendra rendre,*
2. *Où sera prins & mis en terre étrange.*
3. *Les fruicts immúrs seront à grand esclandre,*
4. *Grand vitupère, à l'un grande lounange.*

Traduzione e mia interpretazione personale:
1. Entro l'angolo della Luna verrà a rendere,
Sarà reso (= costruito) un angolo di Luna

2. Dove sarà preso e messo in terra straniera,
Dove sarà inviato in una terra "strana" "estranea" (= un paesaggio lunare contraffatto?)

3. I frutti immaturi faranno grande scandalo,
I "frutti immaturi" (= la tecnologia anni '60 non consentiva tale colossale impresa) provocheranno un grande clamore una volta scoperta la verità

4. Grande vituperio all'uno, grandi lodi.

Grande vituperio (= vergogna), per uno grandi lodi (= forse per chi per primo scrisse che lo sbarco sulla Luna fu una beffa?)

Per un caso curioso, la virgola della quarta riga, nella traduzione italiana, è spostata rispetto all'originale francese cambiandone il senso. Io ho scelto di attenermi all'originale.

Che dire? Come per tutti i visionari, esiste un problema di ermeneutica ossia di interpretazione. Le scritture profetiche sono di norma fumose, ambigue, adattabili a un gran numero di eventi.

Vi si possono leggere parole di speranza per alcuni, minaccia e promesse di annientamento per altri. Aspettative di distruzione e redenzione, catarsi e rinnovamento fanno parte della religione, sono un tratto culturale, una necessità inalienabile dello spirito umano. Così, sta nella esegesi del singolo, il livello di fiducia in ogni divinazione.

Michel de Nostredame
meglio noto collo
pseudonimo di Nostradamus
(1503 - 1566)

Figura 103

LA CONQUISTA DELLA LUNA ISPIRATA DA GIULIO VERNE?

Verne viene quasi unanimemente salutato come il padre del genere letterario della fantascienza. Il suo stile unico è conosciuto in tutto il mondo, poiché è il secondo autore più tradotto dopo Agatha Christie.

Avendo scritto di spazio, sparando proiettili con equipaggio nel cosmo, di viaggi sottomarini e aerei assai prima che venissero compiuti veri progressi in questi campi, alcuni si chiedono se fosse uno scrittore o, piuttosto, un profeta.

Ancora oggi, gli scienziati sono stupiti di quanto bene avesse previsto numerose cose.

Quindi, diamo un'occhiata ad alcune delle cose di cui ha scritto questo fantasioso francese.

Ventimila leghe sotto i mari è davvero un romanzo classico.

Il libro racconta le avventure del capitano Nemo e del suo sottomarino, il Nautilus.

Una lega è un'unità di misura della distanza e la lega francese (a cui si riferisce Giulio Verne) è stata standardizzata a 4 km. Le "ventimila leghe" del titolo non si riferiscono alla profondità, ma alla distanza che il sottomarino ha percorso sotto le onde.

Il nome del capitano Nemo è un sottile riferimento all'Odissea, ed sta in latino per "nessuno".

È forse il lavoro più noto di Giulio Verne e il fatto che la sua scrittura abbia ispirato gli inventori a perseguire questa idea è semplicemente sorprendente.

Ventimila leghe sotto i mari fu pubblicato per la prima volta nel 1870. Il primo sommergibile, che non facesse affidamento sui soli muscoli umani per la propulsione, fu il vascello della marina francese battezzato *Plongeur*, varato nel 1863. Il Plongeur era alimentato da aria compressa ed era più o meno veloce e manovrabile sott'acqua quanto un mattone fradicio.

Nel corso degli anni, alcuni dei perfezionamenti al disegno dei sommergibili furono direttamente ispirati, almeno in parte, dalla rappresentazione verniana del Nautilus.

E veniamo allo sbarco sulla Luna.

Nel suo umoristico *Dalla Terra alla Luna*, pubblicato nel 1865, Verne scrive di un equipaggio di tre persone che si lanciano, sparati dentro un proiettile, sulla Luna. Le dimensioni del proiettile e la velocità di fuga (per sfuggire alla gravità terrestre) sono incredibilmente simili a quelle dell'Apollo. Persino la stima di un tempo di 4 giorni necessari per raggiungere il satellite è prossima al vero.

Giudicando il libro in retrospettiva, è davvero sconcertante costatare quante somiglianze ci siano tra le idee di Verne e la missione Apollo 11, che nella realtà avrebbe portato l'uomo sulla luna.

Le dimensioni del suo proiettile sono molto vicine a quelle dei missili Apollo ed entrambi gli equipaggi erano formati da 3 uomini.

Inoltre, il nome del suo cannone era *Columbiad*, mentre il modulo di comando per la missione americana si chiamava *Columbia*, e anche il suo proiettile veniva lanciato dalla Florida, da cui furono lanciate tutte le missioni Apollo. Nel 1865, non era di certo immaginabile

Figura 104: un'illustrazione dal romanzo "Dalla terra alla luna" di Giulio Verne disegnata da Henri de Montaut.

che a portare l'uomo sulla Luna dovessero essere gli Stati Uniti d'America. Difatti, allora era ancora l'Europa il catalizzatore scientifico ed economico del mondo.

Predisse l'impiego estensivo dell'alluminio, un metallo allora appena scoperto, e ipotizzò in maniera corretta il comportamento dei corpi in assenza di peso.

Gli equipaggi rientravano sulla Terra ammarando col paracadute nell'oceano Pacifico, anche ciò è stato sorprendentemente accurato.

Alcuni sostengono che i libri di Verne abbiano ispirato successive spedizioni nello spazio, altri che egli aveva semplicemente pensato a soluzioni pratiche ai problemi che sarebbero state ineluttabilmente adottate.

Qualunque sia stato il caso, si capisce quale uomo brillante e intuitivo fosse stato lo scrittore transalpino.

Ma chi può dire se, in questa come in altre evenienze, un film "kolossal" hollywoodiano non sia stato tratto da un libro di successo e smerciato come avvenimento autentico.

NASCITA DI UNA TEORIA DEL COMPLOTTO

INTRODUZIONE *All'inizio del 2019, fui raggiunto tramite un messaggio di posta elettronica da* **David Jones**, *redattore della prestigiosa rivista australiana New Dawn. Nella email il giornalista mi chiedeva, avendo saputo della mia biografia di Bill Kaysing, se avessi voluto scrivere un articolo per la rivista da pubblicare nel numero di luglio-agosto del medesimo anno, in occasione del 50° anniversario della conquista della Luna. New Dawn è un bimestrale che presta molta attenzione alle teorie cospiratorie. Detto e fatto. Ecco quell'articolo, qui per la prima volta pubblicato in lingua italiana:*

Non c'è lavoro letterario che abbia definito un intero genere più de l'"Isola del tesoro" di Robert Louis Stevenson. Il libro ha fissato nell'immaginario collettivo quasi tutti gli stereotipi dell'epopea dei bucanieri: volti rugosi di marinai privi di un arto con pappagalli appollaiati sulla spalla; isole tropicali misteriose e mappe furtive su cui una "X" indica l'ubicazione di un tesoro sepolto. Altri autori si sono fatti epigoni di generi letterari specifici: similmente a Stevenson furono Howard Philip Lovecraft, Horace Walpole ed Emilio Salgari.

Accanto a tali grandi scrittori, Bill Kaysing è stato ideatore di un genere, ovvero di un filone: quello della "cospirazione lunare", noto come *"Moon Hoax"*, attraverso il libro *"Non siamo mai andati sulla Luna"*.

L'opera, quando venne pubblicata nel 1976, fece scalpore suscitando reazioni stupefatte, talora favorevoli, spesso contrarie.

Egli gettò le basi per la ipotesi di cospirazione evidenziando le problematiche principali: la misteriosa morte "accidentale" di Thomas Ronald

Figura 105: T. R. Baron.

193

Baron, un ispettore della NASA il quale aveva scritto un rapporto di 500 pagine criticando la fattibilità del programma spaziale; la pronunciata inaffidabilità dei razzi; l'assenza di un cratere sotto il LEM, una volta atterrato; la mancanza di qualunque stella nelle fotografie questionando la autenticità delle immagini stesse scattate sulla Luna indicando le anomalie nella direzione delle ombre e illuminazione.

A questo punto, però, occorre fare un passo indietro per scoprire chi era questo scrittore.

Bill Kaysing era nato nel 1922 a Chicago (illinois, USA). Ebbe una infanzia tormentata durante la Grande Depressione nei dintorni di Los Angeles, sull'altra sponda oceanica, dove la sua famiglia si era trasferita. Dopo la scuola superiore, svolse il servizio militare in Marina negli anni della seconda guerra mondiale. Rientrato nella vita civile, si laureò in Letteratura Inglese nel '49 e sposò l'amica del cuore dal cui matrimonio nacquero due figlie.

In gioventù, ebbe una

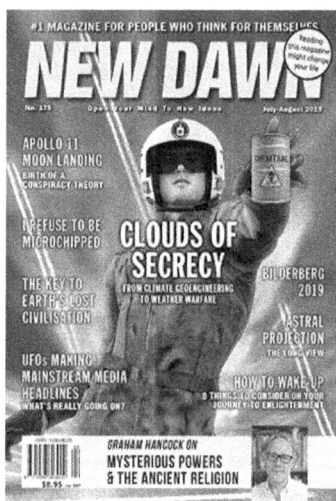

Figura 106: copertina di New Dawn, in edicola nei mesi di luglio-agosto 2019 in Australia.

passione sfrenata per le motociclette e partecipò a innumerevoli gare ufficiali nel deserto del Mojave. Lo faceva più che altro per allentare lo stress e stare lontano dall'inquinamento cittadino.

Grazie alla propria preparazione accademica in Letteratura, nel 1957, fu assunto con la mansione di Scrittore Tecnico alla Rocketdyne. Essa è una azienda californiana di punta nel settore aerospaziale che costruiva i motori a razzo per i veicoli spaziali della NASA, dai primordi fino allo Space Shuttle. Nei primi anni '60, stanco degli obblighi e dei condizionamenti imposti dal sistema all'americano medio, decise di abbandonare quella routine che lui definì da "rat race" scegliendo uno stile di vita diverso, "on the road" alla Jack Kerouac. Vendette casa e vagabondò affiancato dalla famiglia con un camper nei vasti spazi virtualmente spopolati del Selvaggio Ovest.

Il primo libro pubblicato fu "Intelligent motorcycling" del 1966 il cui soggetto era la sicurezza stradale. Si trattava essenzialmente di una raccolta di articoli, pubblicati a partire dal 1963 sul mensile specializzato "Cycle World", i quali traevano profitto dalla sua esperienza di corridore in motocicletta.

La sua esistenza mutò completamente, pure grazie al matrimonio con la seconda moglie Ruth Cole, trasformandosi in una vacanza permanente, fatta d'incontri con individui strampalati e personaggi anticonformisti. La sua nuova vita non fu certo tediosa.

Giornali e TV erano diventati padroni della società massificata. Televisione e cinema sono la "nuova letteratura", ci è stato detto. Invece, pensava lui, sono solo macchine infernali che si appropriano di tutto trasformandolo in sopraffazione violenta, lavaggio del cervello, istigazione al consumismo. Sono capaci di venderci di tutto, anche grasse bugie. L'uomo moderno vive in un sistema di convincimenti indotti. I nostri pensieri, si domandava, sono davvero "nostri" o sono quelli di coloro che vogliono ridurci in catene?

Viviamo la vita che vogliono altri o la nostra?

Per tale motivo, lui e Ruth si perdevano nella natura lontano dall'"inquinamento mentale" rappresentato dai mass media. Meglio essere disorientati dalla verità che confortati dalle menzogne.

Dalla sua copiosa produzione letteraria, emerse lo spirito di un uomo profondamente libero, fuori dagli schemi, ma tutt'altro che individualista.

Kaysing fu, infatti, sempre sensibile alle istanze sociali quali le condizioni di vita dei senzatetto e barboni, una piaga assai diffusa negli Stati Uniti d'America.

Fu un ambientalista che precorse i tempi indicando i mali della società dei consumi quali l'inquinamento atmosferico, lo spreco di risorse naturali e la manipolazione dell'informazione. La pop-star Jim Morrison disse una volta: *"Chiunque controlla i media, controlla la mente"*.

Questi concetti furono esposti con risolutezza in "How to live in the new America" del 1972.

Lui e Ruth erano persone di buon cuore. Per 7 anni vissero a bordo di un vecchio "cutter" in disarmo della Guardia Costiera, acquistato di seconda mano e ormeggiato in un molo remoto nel vasto "delta" della California. Ospitavano alcuni senzatetto, offrendo loro riparo, sulla grande imbarcazione chiamata Flying Goose. Insegnavano loro a coltivare vegetali, in modo da produrre in proprio il cibo, ma sopratutto a vivere una vita degna di essere vissuta.

Uno di questi sventurati, di nome John Grant, era un giovane tossicodipendente ex soldato in Vietnam. Una sera lo sfidò: *"Bill mi hanno distrutto la vita costringendomi a uccidere donne e bambini innocenti. Perché non scrivi qualcosa di oltraggioso contro questo governo corrotto, per esempio, che non siamo mai andati sulla Luna?"*

All'inizio, Kaysing non desiderava immischiarsi con un argomento distante dai suoi interessi per *"uno stile di vita alternativo"*. Tuttavia, avendoli guardati per televisione, aveva percepito qualcosa di irreale negli allunaggi. Per giunta, ben rammentava la sequela di fallimenti durante le prove dei razzi mentre era dipendente della Rocketdyne. Cosicché, cominciò a investigare il programma Apollo scoprendo incongruenze macroscopiche e menzogne nelle dichiarazioni di scienziati e astronauti.

Quello che è stato considerato il più grande successo del genere umano in campo scientifico è da allora sospeso in una sorta di limbo. Dopo i fantastici allunaggi della NASA dal 1969 al 1972, che avrebbero dovuto dare inizio a un'epoca di nuove eclatanti missioni oltre l'orbita terrestre, la mirabolante impresa non è stata più ripetuta.

Crebbe in lui la convinzione di trovarsi di fronte a un grandioso falso storico, sebbene stampato su tutti i libri di scuola, volto unicamente ad affermare la supremazia degli Stati Uniti sull'allora Unione Sovietica in campo spaziale.

Ebbe quindi luce "Non siamo mai andati sulla Luna" pubblicato dalla Eden Press. A seguito dell'interesse mediatico suscitato, nel 1977 prese corpo l'idea di trasformare il libro in una sceneggiatura ricavandone un film. Tuttavia, succede qualcosa di inaspettato. Il suo avvocato scoprì che qualcuno aveva alterato le date di deposito della trama dentro un Ufficio Brevetti. Curiosamente, nel '78 uscì il film *Capricorn One* la cui trama pareva l'esatta copia della loro sceneggiatura salvo l'espediente che le missioni spaziali simulate avvenivano verso Marte anziché sulla Luna. Lo scrittore tentò vanamente di agire per vie legali contro i produttori onde fare valere il suo diritto d'autore. Quell'evento lo convinse definitivamente non solo di avere colto nel segno ma che il suo libro stava cominciando ad infastidire l'establishment.

Grazie alla notorietà ottenuta dalla pubblicazione del testo sulla falsificazione della conquista della Luna, la sua popolarità

La primissima edizione di 88 pagine del 1976 di "Non siamo mai andati sulla Luna", pubblicata dalla Eden Press di Fountain Valley. In formato A4, il coautore è Randy Reid, fratello di Barry titolare della Eden Press.

Figura 107

aumentò e si guadagnò l'interesse dei giornali a larga tiratura.

In un certo senso, ne ho ricalcato le orme scrivendone la sua biografia intitolata "The fastest pen of the West" la quale, a buon diritto, si può pure definire un manuale di "scollocamento"[12].

Infatti, ho creato un ambiente narrativo intrecciando il racconto delle sue peripezie con capitoli tesi a spiegare le sue convinzioni filosofiche e il progresso delle sue ricerche sulla mendacità dell'ente spaziale ameicano.

Negli anni '80 e '90, lui e Ruth, girovagando a bordo di una roulotte perlustravano in lungo e in largo i deserti fra California e Nevada perfezionando lo studio della società americana.

Il periodo storico prsente è caratterizzato da una serie di problemi concatenati, la cui gravità ed estensione può essere definita planetaria. Per citare solo i più noti: la pessima situazione in cui versano l'ambiente e la natura a causa dell'avidità delle grandi economie, sia vecchie che emergenti; il cibo: da un lato insufficiente per gran parte dell'umanità, dall'altra in eccesso e di scarsa qualità per gli abitanti del cosiddetto "mondo industrializzato" con pesanti conseguenze sulla salute dei medesimi; la crisi economica che ha portato milioni di persone a misurarsi con la più totale incertezza.

La competizione spietata migliora i prodotti e peggiora gli uomini.

Bill Kaysing, con un anticipo di mezzo secolo, non solo lanciò un primo allarme riguardo all'evidenziarsi di questi problemi, cercò anche di suggerire alcune soluzioni e l'opera "Eat well for 99 cent a day" rappresenta un esempio significativo, tanto più che molti giornalisti e blogger oggigiorno ne ripercorrono giustamente la falsariga.

---

12 La scelta di uno stile di vita meno faticoso e più gratificante e di una maggiore disponibilità di tempo libero, attuata riducendo volontariamente il tempo e l'impegno dedicati all'attività professionale, con conseguente rinuncia a una carriera economicamente soddisfacente.

Scrisse diversi altri libri per "battere il sistema", su argomenti vari, che spaziano dalla costruzione di abitazioni a basso costo, alla coltivazione e consumo di specie vegetali normalmente trascurate ma dall'alto valore nutrizionale, da cucinare genuinamente. Trattò il tema del modo di difendere la propria riservatezza dalle ingerenze statali e delle multinazionali. Per tutta la vita ebbe una vera inclinazione per le sorgenti calde, vi sono numerose fotografie che lo ritraggono immerso in esse. Non poteva dunque che descriverne i salutari benefici in testi fra cui cito "Great hot springs of the West". Il tutto in uno stile sobrio e scorrevole, intriso di sano pragmatismo e con intenti didascalici.

Una volta invecchiati, i Kaysings produssero un vademecum di sopravvivenza per anziani intitolato "Senior Citizen's survival manual", in particolare dedicati ad aiutare donne anziane sole che vivevano in povertà.

La coppia era quasi sempre al verde poiché i proventi, spesso cospicui, dovuti all'attività di scrittori e dalle loro pensioni erano devoluti nell'"aiuto dei senza-aiuto".

Durante le sue investigazioni sulle missioni Apollo venne in contatto con diversi astronauti della NASA fra cui annoveriamo un episodio enigmatico. Nell'estate 1991, ebbe alcune conversazioni telefoniche con Jim Irwin che fu membro della spedizione dell'Apollo 15 nel 1971. Secondo Kaysing e alcune testimonianze da me raccolte, l'astronauta del Colorado era disposto a rivelare verità scomode sugli sbarchi lunari. Verosimilmente, che si trattava di una colossale messa in scena. Jim Irwin morì d'improvviso per attacco cardiaco, tre giorni prima di rilasciare una intervista videoregistrata che aveva concordato con Bill. Questi rimase molto turbato dalla prematura scomparsa dell'astronauta e si persuase che Irwin fosse stato eliminato affinché non rivelasse la verità.

A dispetto del continuo indottrinamento scolastico e mediatico, sempre più persone dubitano degli allunaggi. Un sondaggio condotto dalla Gallup nel 1999 evidenziava che il 6% degli americani era scettico. Entrando nel 21° secolo con la potenza di internet lo scetticismo sale sale. Nella voce corrispondente su Wikipedia (*Moon Landing Conspiracy Theories*) la percentuale è cresciuta: tra il 6 e il 20 percento degli americani, il 25% dei britannici e ben il 28% dei russi non crede alla veridicità della conquista della Luna. La scelta di vita alternativa, alla quale Kaysing si attenne fino alla scomparsa, avvenuta nel 2005, gli permise di esprimere al meglio la sua vocazione di scrittore, consentendogli di vedere il mondo da una prospettiva diversa, libera dalle consuetudini radicate nei cittadini americani e ovunque.

Nel 1997 fu pubblicata in Italia la traduzione del libro lunare e, per me, leggerlo costituii una folgorazione. Era come se avessi trovato un tesoro sotto forma di carta e inchiostro. Avevo dubitato per anni degli sbarchi lunari credendo di essere il solo sulla Terra a nutrire sospetti.

Di conseguenza, cominciai a condurre ricerche su questo scrittore scoprendo che la sua importanza per la filosofia esistenziale andava ben oltre l'esposizione di una burla spaziale.

Ed è questo il suo grande raggiungimento, infrequente nella gente comune, che ha attirato la mia attenzione: il coraggio di effettuare scelte drastiche contro i luoghi comuni e gli strali dei benpensanti.

Nel 2006, creai un sito web in suo tributo (*www.billkaysing.com*) e venni in contatto, nel 2010, con alcuni membri della sua famiglia. Essi mi fornirono documenti inediti a lui appartenuti i quali mi hanno permesso di scrivere la sua biografia in maniera così dettagliata da potersi definire quasi un'autobiografia scritta per interposta persona.

Gli ultimi anni di vita Bill, dopo la perdita dell'adorata Ruth, li trascorse fungendo da aiutante volontario in un "santuario" per gatti nei dintorni di Las Vegas.

Mai smise, fino all'ultimo alito di vita, di proclamare "*verità e giustizia*".

In conclusione, il sottoscritto è fiero di avere reso in un libro la sua storia affinché tutto il mondo possa condividere la sua avventurosa vita "senza affitto".

*Figura 108: Charles "Chuck" Ellery (a sinistra) e Bill Kaysing, di
fronte a una delle micro-abitazioni il cui scopo era di fornire un tetto
ai senzacasa con poca spesa e facilità di corruzione privo di licenza
edilizia. (fonte: La penna più veloce del West)*

*Lo scrittore statunitense
Bill Kaysing (31 luglio
1922 – 21 aprile 2005).*

Figura 109

"LA PENNA PIÙ VELOCE DEL WEST"

Dopo cinque anni di intenso lavoro di ricerca, per l'edizione in inglese, e di scrittura, viene alla luce la biografia di quello straordinario personaggio che fu Bill Kaysing.

PRESENTAZIONE DE "LA PENNA PIÙ VELOCE DEL WEST"

La notizia del recente allunaggio della sonda cinese Coniglio di Giada, a 41 anni dall'ultima spedizione umana, ha riportato l'attenzione del grande pubblico sull'esplorazione della Luna, squarciando il velo di imbarazzante silenzio sceso sul nostro satellite naturale.

Quello che è stato considerato il più grande successo dell'uomo in campo spaziale, la conquista della Luna, è da allora avvolto in un silenzio sconcertante, dopo i tanto sbandierati allunaggi della NASA, dal 1969 al 1972, che avrebbero dovuto dare inizio a un'epoca di nuove eclatanti missioni. La fantastica impresa americana, mai più ripetuta, ha ingenerato in diverse persone la convinzione che si sia trattato di una grandiosa messa in scena, volta unicamente ad affermare la supremazia degli Stati Uniti sull'allora Unione Sovietica nella conquista dello spazio.

Uno dei principali assertori della "beffa della Luna" fu lo scrittore americano Bill Kaysing, che già nel 1976 pubblicò il suo libro "We never went to the Moon" ("Non siamo mai andati sulla Luna"), nel quale si avanzava l'ipotesi che i filmati dello sbarco in realtà fossero stati girati in uno studio cinematografico allestito dalla NASA con la collaborazione degli Studio di Hollywood.

Lo scrittore e divulgatore scientifico Albino Galuppini, dopo una lunga e minuziosa ricerca basata su varie fonti e sulla grande mole di documenti appartenuti a Kaysing, ne traccia un accurato e completo profilo, che non mancherà di coinvolgere il lettore nel racconto di una vita avventurosa e non convenzionale.

Bill Kaysing, nato nel 1922 a Chicago, dopo una tormentata infanzia trascorsa sull'altra sponda oceanica, nei dintorni di Los Angeles, il servizio militare svolto negli anni della seconda guerra mondiale in Marina e una laurea in letteratura inglese nel '49, fu per oltre 7 anni funzionario di una società dell'industria aerospaziale.

Nei primi anni '60, stanco degli obblighi e dei condizionamenti imposti dal sistema all'americano medio, decise di abbandonare quella vita che lui stesso definì da "rat race " ("la corsa dei topolini") scegliendo uno stile di vita alternativo, "on the road", vagabondando assieme alla famiglia con un camper nei vasti spazi virtualmente spopolati del Grande Ovest o vivendo a bordo di una vecchia imbarcazione dismessa dalla Marina, trasformata in casa galleggiante ormeggiata in una delle numerose baie californiane.

Questa scelta di vita, alla quale Kaysing si attenne fino alla scomparsa, avvenuta nel 2005, gli permise di esprimere al meglio la sua vocazione di scrittore, consentendogli di vedere il mondo da una prospettiva diversa, libera dalle consuetudini radicate.

La sua esistenza, pure grazie al matrimonio con la seconda moglie Ruth, si trasformò in una continua avventura, fatta d'incontri con i più strampalati e anticonformisti personaggi incappando in sempre nuove esperienze a stretto contatto con la natura. Dalla sua copiosa produzione letteraria, emerge lo spirito di un uomo profondamente libero, fuori dagli schemi, ma tutt'altro che individualista.

Kaysing fu, infatti, molto sensibile alle istanze sociali quali le condizioni di vita degli "homeless" (senzatetto), i barboni, lo sfruttamento eccessivo delle risorse naturali, l'errata alimentazione, l'inquinamento atmosferico, il controllo di massa e la manipolazione dell'informazione.

La sua opera più conosciuta è il libro sulla falsificazione dello sbarco sulla Luna, ma Bill Kaysing scrisse anche numerosi libri su diversi argomenti che spaziano dalla costruzione di abitazioni a basso costo, alla coltivazione e consumo di specie vegetali normalmente trascurate ma dall'alto valore nutritivo, alla cucina "povera", al modo di difendere la propria riservatezza dalle ingerenze statali e delle multinazionali, all'utilizzo di risorse rispettando l'ambiente. Il tutto in uno stile sobrio e scorrevole, intriso di sano pragmatismo e con intenti didascalici come quello adottato da Albino Galuppini scrivendone la biografia che, a buon diritto, si può definire un manuale di *scollocamento*.

A distanza di qualche decennio, le soluzioni da lui proposte, per risolvere problemi che all'epoca erano percepiti solo da pochi ma che poi si sono puntualmente verificati, possono oggi essere in parte superate dall'evoluzione tecnologica, ma conservano integralmente la loro validità di fondo.

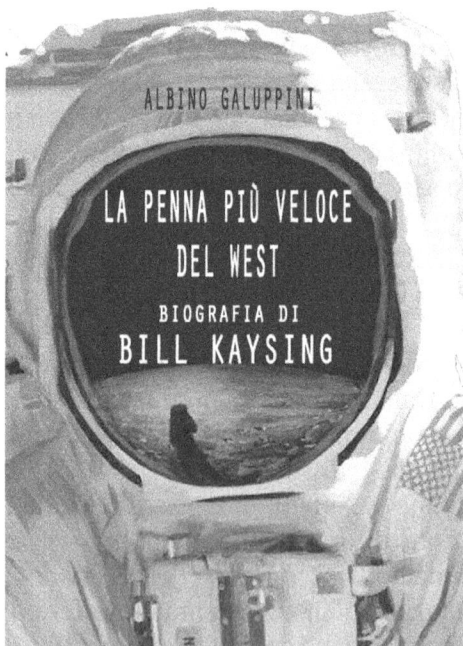

Copertina della prima edizione italiana de "La penna più veloce del West" (settembre 2014).

Figura 110

INDICE DE "LA LUNA DI CARTA"

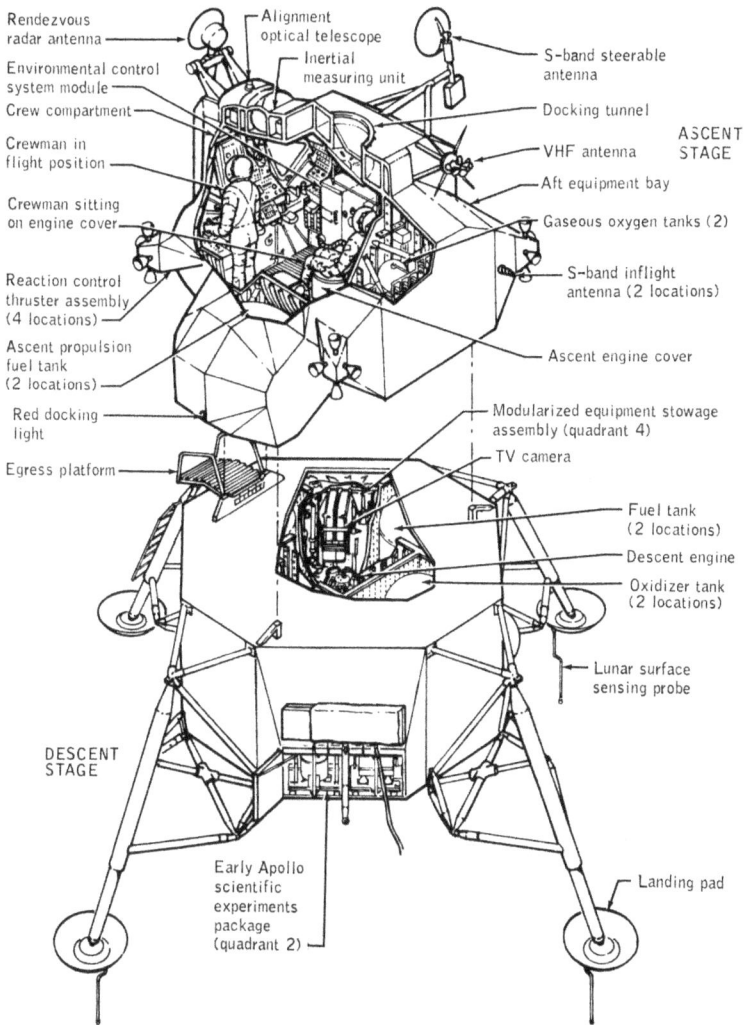

Lunar module configuration for initial lunar landing.

Figura 111: la NASA aveva commissionato alla Grumman Aircraft la costruzione di 15 moduli lunari funzionanti, per il programma Apollo. Del modulo lunare (LEM), sono andati perduti i disegni originali. Per la conquista della Luna, fu sviluppata una macchina talmente complessa che i capitolati tecnici dettagliati con cui venne progettata dovrebbero essere esposti in un museo della scienza.

BIBLIOGRAFIA ESSENZIALE

ASIMOV I., *The Earth's Moon (Isaac Asimov's Library of the Universe)*, Gareth Stevens Publishing, New York (1988)

ATTIVISSIMO P., *Luna? Sì, ci siamo andati!* Formato digitale PDF gratutito (2011)

BENDANDI R., *Un Principio Fondamentale dell'Universo,* Volume Primo, S.T.E. Faenza (1931)

BENDANDI R., Un Principio Fondamentale dell'Universo, Volume Secondo, a cura di Cristiano Fidani, EDIT Faenza (2006)

BENNETT M. & PERCY S. D., *Dark Moon: Apollo and the Whistle-Blowers*. 558 S., London (1999)

BIAGI E., DE FALCO A., GEROSA G. et al. *La luna è nostra. Storie e drammi di uomini coraggiosi*. Ed. Rizzoli, Milano (1969)

BORGEAUD P., *Recherches sur le dieu Pan*, Institut Suisse de Rome, Ginevra (1979)

COLLINS M., *Carrying the Fire*, Farrar, Straus and Giroux, New York, (2009)

HANCOCK G., *Impronte degli dei*, Ed. Macrolibrarsi (2012)

IRWIN J. B. & EMERSON W. A. *To Rule The Night .The Discovery Voyage Of Astronaut Jim Irwin*. Holman, Lippincott, Philadelphia (1973)

IRWIN J. B., *More Than Earthlings: An Astronaut's Thoughts for Christ-Centered Living*. Broadman Press, (1983)

JAMES. C., *Science Fiction and the Hidden Global Agenda - 2016 edition*, volume 1 & 2, Lulu Press (2016)

JUDICA-CORDIGLIA A. & JUDICA-CORDIGLIA G.B., Dossier Sputnik. «...*Questo il mondo non lo saprà...*». Ed. Mariogros, Torino (2006)

KAYSING B., *Non siamo mai andati sulla Luna*, Cult Media Net, Roma (1997)

KAYSING B., REID R., *We never went to the Moon*, Health Research Books, Pomeroy (WA) (1997)

KLUGER J., LOVELL J., *Lost Moon*, Mariner Books - Houghton Mifflin Harcourt, Boston (1964)

MALLAN L., *Russia's space hoax*, Science & Mechanics Pub. Co, New York (1966)

MAYEWSKI P., WHITE F., *The Ice Chronicles: The Quest to Understand Global Climate Change*, UPNE (2002)

PATRIAN C., *Nostradamus. Le profezie*. Edizioni Mediterranee, Roma (1978)

PESCIARELLI LAGORIO P., *Raffaele Bendandi: ombre sul sole*, EDIT Faenza (2011)

PINOTTI R., *Spazio. I segreti e gli inganni. Breve controstoria dell'astronautica*, Editoriale Olimpia, Sesto Fiorentino (FI) (2003)

PIZZIMENTI L., *Progetto Apollo, atti dalla conferenza*; Lugano, Svizzera (2012)

RENÈ R., *NASA Mooned America!* Self-published by R. Rene, (1994)

RENÈ R., **The last skeptic of science**, René, Rev edition (1995)

SIBREL B., *Moon Man: The True Story of a Filmmaker on the CIA Hit List,* Movement Publishing (2021)

SOFIAS S., *Il Mistero della Luna*, Ed. Macro (2011)

VAN ALLEN, J. A., *Origins of Magnetospheric Physics*, Smithsonian Institution Press Washington, D.C. (1983)

VERNE G., *Dalla Terra alla Luna*, Principato Editore, Milano (1953)

WEST J. A., *Serpent in the Sky: High Wisdom of Ancient Egypt*, Quest Books (1996)

WILSON D., *Our Mysterious Spaceship Moon*, Dell Publishing, New York (1975)

WILSON D., *Secrets of our spaceship Moon*, Dell Publishing, New York (1979)